季节性冻融农业区
水、氮迁移入河过程与规律研究

赵强　伍靖伟　著

中国水利水电出版社
www.waterpub.com.cn
·北京·

内 容 提 要

本书选择受季节性冻融影响显著的东北农业区小流域——黑顶子河流域为研究对象，采用原位培养、流域观测、水化学离子和同位素示踪以及数值模拟等多种手段，对季节性冻融农业区不同尺度、不同下垫面的水、氮来源，迁移转化规律及其影响因素进行了系统的研究与讨论，为分析、预测季节性冻融农业区水、氮循环过程提供了理论依据。研究内容对于指导该区域水资源及水环境管理有着重要意义。

本书可作为水利、土壤、水文、环境、生态、气候等学科教学、科研人员和研究生的参考用书。

图书在版编目（ＣＩＰ）数据

季节性冻融农业区水、氮迁移入河过程与规律研究 / 赵强，伍靖伟著. -- 北京：中国水利水电出版社，2023.4
ISBN 978-7-5226-1427-4

Ⅰ．①季… Ⅱ．①赵… ②伍… Ⅲ．①冻融作用—影响—农业区—水资源管理—研究 Ⅳ．①TV213.4

中国国家版本馆CIP数据核字(2023)第039167号

书　　名	季节性冻融农业区水、氮迁移入河过程与规律研究 JIJIEXING DONGRONG NONGYEQU SHUI DAN QIANYI RUHE GUOCHENG YU GUILÜ YANJIU
作　　者	赵　强　伍靖伟　著
出版发行	中国水利水电出版社 （北京市海淀区玉渊潭南路１号Ｄ座　100038） 网址：www. waterpub. com. cn E-mail：sales@mwr. gov. cn 电话：(010) 68545888（营销中心）
经　　售	北京科水图书销售有限公司 电话：(010) 68545874、63202643 全国各地新华书店和相关出版物销售网点
排　　版	中国水利水电出版社微机排版中心
印　　刷	天津嘉恒印务有限公司
规　　格	170mm×240mm　16开本　9.75印张　191千字
版　　次	2023年4月第1版　2023年4月第1次印刷
定　　价	**58.00元**

近年来，水体污染引发的"水质型缺水"进一步加剧了水资源匮乏对区域经济和社会发展的制约，而氮素是主要污染物之一。随着"水十条""海绵城市""河长制"等相关政策的出台，可以预见的是工业污染源、城镇／农村生活污染源以及集中式污染治理设施对水体中氮的贡献量在未来的短时间内将大幅削减，针对农业非点源氮的治理必将成为我国水环境治理的重中之重。季节性冻土在我国和世界的其他地区都有着广泛的分布，受土壤冻融过程的影响，其水、氮迁移转化过程具有一定的复杂性和特殊性。由于冻融区取样非常困难，导致长序列观测资料的缺失，使得对冻融区径流过程和氮素迁移转化过程的研究相对滞后。已有相关研究多集中在受人为干扰较小的高寒林地区域，所得规律并不确定是否适用于水、氮循环受耕作、灌溉及施肥等影响的季节性冻融农业区。因此，开展对季节性冻融农业区水分和非点源氮迁移入河规律及影响因素的研究，对于解释该区域水、氮循环过程以及指导该区域水环境的治理有着重要意义。

本书选择受季节性冻融影响显著的东北农业区小流域——黑顶子河流域为研究对象，采用原位培养、流域观测、水化学离子和同位素示踪等多种手段，对季节性冻融农业区不同尺度、不同下垫面的水、氮来源、迁移转化规律及其影响因素进行了研究，为分析、预测季节性冻融农业区水、氮循环过程提供了理论依据。

全书包括8章内容。第1章对本书的研究内容进行了概括性介绍；第2章识别了冻融过程中影响土壤温度的主要因素以及土壤水分的主要变化区域，分析了冻融过程中冻土层在土壤水分迁移中的作用，确定了影响冻融过程中水分迁移的主要因素；第3章采用改进的树脂芯法开展了自然状态下表层土壤氮素原位培养试验，研究了自然状态下冻融过程对农业区表层土壤矿质氮有效性的影响，并分析了其主要影响因素；第 4 章结合融雪产流观测资料和气象数据，通过统计分析的方法，研究了冻融期温度和降水在时间和量上的变化对融雪产流期融雪产流过程的综合影响；第 5 章基于各类子流域水、氮产出量的计算结果，对其在时间和空间上的变化特征和影响因素进行了分析；第 6 章结合水中氧同位素、产流、地下水位的时空变化，分析了冻土融化期流域水分的来源及产出路径，并结合第 2 章和第 4 章的内容，对融雪产流期水文过程及影响因素进行了系统的总结；第 7 章结合产流、氮素和水中氧同位素观测数据，分析了融雪产流过程中随着积雪和冻土的融化，氮素来源和产出路径的阶段性变化规律，寻找到一种可以有效界定其变化阶段的方法，并确定了影响融雪产流各阶段氮素来源和产出路径变化的关键因素；第 8 章基于冻融期实测资料以及过去 60 多年气象数据，分析了 SWAT 模型模拟融雪产流期日尺度水、氮产出过程的适用性，并基于模拟结果确定了影响融雪产流期水、氮产出过程的主要气象因子，以及适宜水、氮产出的气象因子组合模式。

本书的研究工作得到了国家自然科学基金青年基金项目（51790532；52109063）、中央高校基本科研业务费专项资金项目（2042021kf0052）的资助。本书的出版得到国家自然科学基金重点项目（51790532）的资助，在此一并表示感谢！

限于作者水平，本书定有诸多欠妥之处，敬请同行批评指正。

作者

2023 年 1 月

目录

第 1 章

绪 论

1.1 研究背景与意义

水是人类赖以生存和发展的物质基础，受人口增长、城市化、食物和能源安全政策、饮食习惯以及日益增长的消费等影响，全球对水资源的需求量日益增加。联合国教科文组织 2019 年发布的《世界水资源开发报告》指出，自 20 世纪 80 年代开始，由于人口增长、社会经济发展和消费模式变化等原因，全球用水量每年增长 1％。随着工业和社会用水的增加，到 2050 年全球需水量预计还将保持同样的增速，相比目前用水量将增加 20％～30％。将有超过 20 亿人生活在水资源严重短缺的地区，约 40 亿人每年至少有一个月的时间遭受严重缺水的困扰，且将会有 22 个国家面临严重的水压力风险。我国总体上属于水资源贫乏的国家，人均占有的水资源量只有世界人均占有量的 1/4。目前，全国 600 多座城市中有 400 多座缺水，年缺水量达 60 多亿 m^3（安建等，2008）。

近年来，除受地理和气候原因导致的"资源性缺水"外，随着工农业以及城镇经济的高速发展，水污染状况日益严重，水环境出现了"质"的恶化，直接引发了一种新的缺水状况——污染型缺水或称水质型缺水，进一步加剧了水资源匮乏对区域经济和社会发展的制约。根据《2021 中国生态环境状况公报》，我国地表水 3632 个评价、考核、排名断面中，好于Ⅲ类的水体比例为 84.9％，劣于Ⅲ类水体的比例为 15.1％。监测的 1900 个国家地下水环境质量考核点中，Ⅰ～Ⅳ类水质点位占 79.4％，Ⅴ类占 20.6％。

水环境污染通常分为点源污染和非点源污染两大类：点源污染是指有固定排放点的污染源，多为工业废水及城市生活污水，由排放口集中汇入江河湖泊等水体（胡建忠，2011）；非点源污染是相对点源污染而言的，指污染物从非特定地点，在降水（融雪）冲刷下，通过径流过程而汇入受纳水体并引起水体的富营养化或其他形式的污染。在非点源污染物中，由于氮肥施用量大，硝酸根离子易随水迁移等特性，氮元素成为最主要的非点源污染物之一。根据 2010 年国家环保部、统计局和农业部联合发布的《第一次全国污染源普查公报》显示，我国各类污染源总氮排放量为 472.89 万 t，其中农业污染源（不包括农村生活污染源）总氮排放量为 270.46 万 t，占总排放量的 57.19%，若再加上农村生活污染源，该比例会更高。同样的，在美国 60% 的水体污染是由非点源污染所致，在丹麦农田非点源氮对水体中氮的贡献比例达到了 94%。

随着水环境污染形势日益严峻，我国对水环境的整治力度逐渐加强，在"十五"期间便开展了"三河三湖"（淮河、海河、辽河，太湖、巢湖和滇池）流域、长江上游、三峡库区、黄河中游和松花江流域的水污染综合治理工程，并加快了城市污水处理设施的建设；"十一五"规划提出了加强水污染防治，到 2010 年城市污水处理率不低于 70% 的目标；"十二五"规划强调要加强对重点跨界河流和地下水污染的防治力度；"十三五"规划提出了加快构建城镇污水全收集、全处理技术支撑体系的目标。此外，近些年来随着"水十条""海绵城市""河（湖）长制"等一系列法规制度、整治措施的提出，一方面彰显了我国政府对水环境治理的决心，另一方面也可以预期工业污染源、城镇及农村生活污染源以及集中式污染治理设施对水体中氮的贡献量在未来的短时间内将大幅削减，农业非点源氮对我国水体中氮的贡献比例将进一步上升，针对农业非点源氮的整治必将成为我国水环境治理的重中之重。

针对非点源氮的研究主要分为两部分：①机理研究，主要包括对降雨径流过程、土壤侵蚀过程和氮素迁移转化过程的研究；②非点源污染模型的研究（韩成伟，2012）。在冻融区尤其是季节性冻融区，每年有很长的冰冻期，其产汇流过程、土壤侵蚀过程和氮素的迁移转化过程均受到土壤冻融过程的影响，气候条件的独特性和水资源的短缺导致其非点源氮的研究具有特殊性。第一，冻融过程会显著影响氮在土壤中的迁移转化过程：低温会降低植物和微生物的活性（Matzner et al.，2008），有利于氮的累积；冻融过程会增加氮素的矿化作用（李源，2015）和反硝化作用（谢青琰等，2015）。第二，非点源氮的累积以及春季冲刷作用：由于在冻融区，冬季温度较低，降水多以积雪的形式存储于地表，整个冬季很少产流，大量的非点源氮在地表、土壤中积累，随着春季升温，融雪以及降雨过程会形成显著的地表径流，导致大量的氮在短时间内进入水体，使水质迅速恶化，春季植被的缺失进一步加剧了这一冲刷现象（Kefi et al.，2011；Zhang et al.，2011）。第三，水文过程的复杂性：一方面，冻融过程会影响土壤水分的形态（Douglas，1969；徐学祖等，2001）、迁移路径、迁移速率、蒸发速率（周有才，1980；李述训和程国栋，1996；杨广云等，2007；Chang et al.，2012）；另一方面，冻融作用还会通过影响土壤的入渗能力，进而影响冻融区的产汇流路径和径流系数（杨针娘和杨志怀，1993；Bayard et al.，2005）；此外，冻土层的存在还可以改变地表水和地下水的水力联系。第四，冻融区总体降水量有限，冬季产流少，水库很少弃水，水库水体更替频次少，加之温度低，水体自净能力减弱，加剧了非点源氮的危害。然而，由于冻融区受低温、积雪和冻融等极端气候环境的影响，取样非常困难，导致长序列观测资料的缺失，使得对冻融区以上特殊性的研究相对滞后。

目前，对冻土中水分迁移机理和氮素迁移转化过程的研究大多采用室内土柱实验，而缺乏野外自然条件下尤其是不同下垫面下的对比研究，使得这些研究结果很难应用到田间等较为宏观的尺度。而针对流域尺度水分和氮素产出过程的研究主要以高寒地区的森林、苔原和草地等受人为干扰较小的自然生态系统冻土为主，在受季节性冻融影响的农业区，因为下垫面、农业活动以及水循环过程的显著不同，其冻土融化期非点源氮的来源、析出入河过程和自然状态下的流域相比有很大不同（Poor et al.，2007；Vidon et al.，2009；Jin et al.，2012；Jiang et al.，2014；Liu et al.，2014；Rezaei et al.，2016；Mekonnen et al.，2017），因此，并不清楚在自然生态系统区域得到的规律是否适用于受人类活动影响较大的中低纬度农业区。而且以流域为核心，探究流域尺度上冻土融化期氮素来源、氮从土壤向河道迁移路径，以及积雪覆盖、冻融过程对生态系统中氮素输出、流域水体水质影响的综合研究仍为不多见。

因此，针对占有我国国土面积50%以上的季节性冻融区，选择有代表性的东北农业区流域，开展冻融期自然条件下不同下垫面土壤水分和氮素的迁移转化试验，监测、分析不同尺度的水、氮来源、迁移入河过程和影响因素，并基于高质量的观测资料和 SWAT 模型对该区域水、氮产出过程进行模拟和分析，有助于揭示其水、氮循环过程，同时也为该区域农业非点源污染治理的规划和管理提供决策依据。

1.2 国内外研究现状与发展趋势

1.2.1 冻融过程对土壤水分迁移的影响

土壤冻结过程中，并非所有的液态水都会转变成固态的冰，由于颗粒表面能的作用，土壤中始终保持一定数量的液态水（Douglas，1969；徐学祖等，2001）。其中，液态水多存在于土壤的微小空隙中，或以液态水膜的形式吸附在土壤颗粒表面（Tyutyunov，1978），其含量主要取决于三大因素：土质（包括土壤颗粒的矿物化学成分、分散度、含水量、密度、水溶液的成分和浓度）、外界条件（包括温度和压力）以及冻融历史。一般来说，温度降低，液态水含量减少，反之亦然；土壤温度一定时，土壤粒度越细，土壤溶液浓度越高，土壤总含水量越高，经历冻融次数越少，外加荷载越大，冻土中液态含水率越高（徐学祖等，2001）。

　　在冻土中，液态水的迁移是水分迁移的主要途径，温度梯度、吸附-薄膜压力梯度、渗透压力梯度以及矿物颗粒自由能等势梯度是引起冻土中水分迁移的驱动力（徐学祖等，2001；张侠，2010）。目前，大都运用土水势的概念来描述冻土中液态水的迁移过程，即水分总是从高水势区域流向低水势区域，迁移速率取决于水势梯度和导水率（其迁移过程满足达西定律）。已有研究表明，温度是影响冻土水势的主要因素，因此，温度梯度是导致冻土中液态水迁移的根本原因，水分总是沿着温度降低的方向，从未冻土向冻土迁移，造成冻土中含水率的增加（周有才，1980；李述训和程国栋，1996）。在冻结土壤中，冰颗粒、冰晶以及冻胀引起的土壤颗粒位移均会阻塞土壤孔隙（Corte，1962；Uhlmann et al.，1964），使得土壤导水率极低，冻土中水分的迁移可以忽略，因而学者们往往更关心未冻土中尤其是未冻土向冻结封面处的水分迁移，认为这才是影响冻结过程中水分重分布规律的关键。

　　在冻结过程中，影响水分迁移的因素主要可以分为两类：①影响冻结前土壤含水率的因素（初始含水率和地下水位），如陈晓飞等（2005）的研究表明冻结过程中未冻土向冻土中水分的迁移量随初始含水率的增加而增加，而荆继红等（2007）、郭占荣等（2002）和吴谋松等（2014）均发现冻结过程中不同潜水埋深条件下土壤水与潜水的转化关系有显著差异；②影响冻结封面推进速率即影响水分补给持续时间的因素，比如地表积雪、秸秆、地膜等覆盖，均可以减缓土壤冻结速率，进而延长水分补给持续时间，使得土壤冻结后水分增加量显著上升（杨思忠等，2008；杨金凤等，2008；杜琦，2009）；此外，溶质含量也可以通过降低冻结封面的温度来减缓土壤冻结速率，进而延长冻结封面处水分补给时间，陈晓飞等（2005）以及 Watanabe 等（2001）的研究均表明，不含盐土壤在冻结过程中比含盐土壤获得了更多的水分补给。

　　目前，对冻土中水分迁移规律的研究大多集中在微观（土壤空隙）或点尺度（土柱实验），这些研究成果距离应用到较为宏观的尺度（田间、流域等）还有一定的距离，使得研究者们在研究田间乃至流域尺度上的水分迁移机理时，往往不能准确地描述土壤中的水分状态，而做出偏离实际的假设，导致其研究成果在实际应用中受到很大限制。

1.2.2　冻融过程对流域水文过程的影响

　　与非冻融区相比，季节性冻融区在土壤冻结过程中经历了地表降水（主要是雪）的累积与集中释放，土壤的冻结与融化等过程，显著地改变了地表水、土壤水的存储形态、存储位置以及存储量；地表径流的产出路径和径流系数，以及地表水、土壤水和地下水的水力联系，因而受冻融过程影响的区域，其水文过程与非冻融区有着显著的差异,主要表现在以下几个方面。

1. 冻融过程对表层土壤含水率的影响

土壤在冻融过程的不同阶段,其水分受土壤水势及地表雨雪入渗的影响程度与趋势不同。稳定冻结期内,受温度势的影响,土壤水分会向上迁移,在近地层聚集(王晓巍,2010),土壤含水量的增加量除与温度、土壤初始含水量有关外,还受潜水埋深、地表覆盖、土壤结构、溶质含量等因素的影响;冻土融化期,受融雪、降雨入渗以及冻土层隔水效应的影响,融冻封面以上土壤含水率会迅速增加,遇到大雨或显著的融雪过程水位会上升至地表,使土壤达到饱和甚至过饱和状态(杨广云等,2007)。

2. 冻融过程对土壤蒸发能力的影响

冻土存在期,土壤蒸发能力显著降低,表层蒸发几乎为零(杨广云等,2007;Chang et al.,2012)。杨针娘等(2000)分析了黑河上游冰沟流域4年的实验数据,发现高山冻土区年蒸发值远小于低海拔的非冻土区。Zhang等(2011)利用遥感数据获取了1983—2006年,北半球冻融期的变化和年蒸发蒸腾量数据,并分析二者之间的关系发现冻结期时间与年蒸发蒸腾量之间有着极显著的关系。其主要原因是:①土壤封冻期,地面积雪,一方面蒸发主要发生在雪面,另一方面积雪反射了阳光,减少了大气与土壤的能量交换;②土壤冻结,毛细管输水消失;③融化期土壤融冻需要吸收大量热量,使土壤蒸发能力减弱(廖厚初等,2008);④冻融期,温度较低,植物根系活性降低,腾发量减少(Zhang et al.,2011)。

3. 冻融过程对土壤入渗能力的影响

如前所述,在冻结土壤中,冰颗粒、冰晶以及冻胀引起的土壤颗粒位移均会阻塞土壤孔隙(Uhlmann et al.,1964;Corte,1962),冻结土壤的入渗率因为冰的形成相对于非冻结土壤会有几个数量级的差别。而土壤性质、级配、温度、初始含水量等影响了土壤中冰的形成方向和大小,进而导致不同冻结状态下的土壤水力传导度的差异(Zhao et al.,2002;Fourie et al.,2007)。

4. 冻融过程对产流路径及径流系数的影响

总体来说,土壤的冻结削减了土壤的入渗能力,使得融雪水或雨水下渗量减小,进而改变了冻融区产汇流路径,增加了径流系数(杨针娘和杨志怀,1993;Bayard et al.,2005)。众多学者通过对高山和极地地区开展了冻土对流域产汇流影响的研究(杨针娘和杨志怀,1993;Yang et al.,2004;Woo和Young,2006),并概括出了冻土区流域年内径流变化的主要过程(阳勇和陈仁升,2011):①冬季,泉水与地下水补给河流,因温度很低形成河冰,河冰的融化影响冻土区春季融水径流水文过程(Zhao,et al.,2017);②春初,表层土壤处于冻结状态,流域内基本无地表径流形成,径流主要由地下水补给;③春末夏初，冻土的融化层深度尚浅，冻土层的存在如隔水层一样，阻止融雪水入渗，快速产生地表径流，单位面积产流量大；④盛夏达到最大融化层深度，季节冻土层消失，流域的调蓄能力增强，下渗及蒸发量大，洪峰削减，夏季洪峰不及春季洪峰大（特大暴雨除外），基流量大，土壤冻结水消融对径流贡献很小。季节性冻融区产汇流过程虽然发生的时间节点以及各阶段持续时间的长短与高山、极地地区有所差别，但是整个过程基本一致。

5. 冻融过程对地表水和地下水之间水力联系的影响

冻土层的存在会调节地表水和土壤水对地下水的补给时间：①在封冻期，冻土层隔绝了降雪、降雨与地下水的联系，并在地表以积雪或者冰的形式累积（Han et al.，2010）；②到了融化期，地表积雪以及冻结在土壤和河道中的水分才缓慢释放，补给地下水。因此，降水对地下水的补给时间显著滞后，只有当冻土全部融化，降水与地下水位的变幅才有直接的关系（丁永建等，2017）。

此外，冻结期积蓄在冻土层内以及冻土层以上的水分在融化期往往转化为地表径流或者被土壤"吸收"，对冻土层以下的土壤及地下水补给有限，因而减少了地表和土壤水对地下水的补给量，使得冻结和融化期基流量较小。

1.2.3　冻融过程对土壤氮素转化的影响

氮素是生态系统中最为重要的营养元素之一，其迁移转化受到氮素的输入、输出（外循环）以及土壤氮固持、矿化、硝化与反硝化（内循环）等作用的影响，受人为和自然因素干扰较大（王丽芹等，2015）。冻融过程主要通过改变土壤的物理结构（土壤团聚体和水热状况）和生物学性状（微生物群落和生物特性）来影响土壤中氮素的迁移和转化（王丽芹等，2015；陈哲等，2016；吕欣欣等，2016）。众多研究表明，冻融作用会增加土壤中可溶性氮的含量，但是冻融期为植物的非生长季，因此氮素高供应与低需求之间的矛盾会增加该时期氮素的流失风险（Hentschel et al.，2008）。

1.2.3.1　冻融作用对氮素转化的影响机制

1. 冻融作用对土壤微生物的影响

冻融作用对土壤微生物的影响主要是对微生物量、微生物群落和微生物活性的影响。由于不同环境中微生物种群有很大的差异，因而在已有的研究中不同生态环境中微生物对冻融作用的响应程度不一致（Matzner 和 Borken，2008）。

在研究农田冻土融化后影响 N_2O 释放的因素时，Sharma 等（2006）发现冻融作用可以增加有机质基质的扩散，进而增加反硝化细菌活性，而 Dörsch 等（2004）则发现土壤冻结过程中微生物量显著减小，但是在冻土融化后微生物量迅速恢复，类似的 Deluca 等（1992）在研究中发现农田中冻土融化后 N 的矿化作用增强，这是因为冻融交替会导致微生物群落大量死亡，并使得存活下来的微生物一部分活性下降，还有一部分只有处于代谢极低的休眠状态才能适应环境，但是活下来的微生物会对温度产生较高的抗逆性，它们会将死亡的微生物细胞作为基质，而使自身活性增强，尤其在解冻之后他们的生命活性会强于普通微生物并处于增殖状态（杨思忠和金会军，2008；Ivarson 和 Sowden，1966；吕欣欣等，2016）。通过利用磷脂脂肪酸分析法，Feng 等（2007）发现冻融交替使得真菌数量大量减少，但是对细菌则无显著影响。

与农田的情况相反，大多数在高山或者苔原地区开展的研究则发现，冻融过程对微生物量的影响较小（Grogan et al.，2004；Koponen et al.，2006），Männistö 等（2009）则发现冻融对苔原地区细菌群落结构的影响比较微弱。造成以上结果的原因可能是因为这些地区长期处于低温状态，其中的微生物对低温有较好的适应性。但是导致不同生境冻融过程对微生物影响不同的原因尚不清晰。

2. 冻融作用对植物根系的影响

冻融作用主要从两个方面对植物根系产生影响，进而影响土壤中的氮素。一方面，土壤冻结会导致大量细根（直径小于1mm）根系死亡，虽然这些细根在接下来的生长季节大量生长，但仍不足以弥补土壤冻结造成的损失，因而导致植物在冻融期对氮素的摄取量减小；另一方面，这部分死亡的根系会迅速分解，可以为土壤提供大量的氮（Tierney et al.，2001；Cleavitt et al.，2008）。

3. 冻融作用对土壤结构的影响

冻融作用可以影响土壤团聚体结构的稳定性，但是研究结论不一。王恩姮等（2010）的研究结果表明，冻融作用可以促进大团聚体的团聚作用，但是更多的研究认为，冻融作用能够降低土壤团聚体的稳定性，破坏土壤团聚体结构，使大团聚体破碎成小团聚体（Oztas 和 Fayetorbay，2003；Hal，2007），释放出包裹在土体中有机和无机胶体等营养物质（Freppaz et al.，2007），还使原先固定在土壤胶体中不可利用的 $NH_4^+ - N$ 裸露出来（Deluca et al.，1992）。控制冻融作用对土壤团聚体破坏程度及氮素释放量的因素主要是土壤含水率、冻结温度和土壤有机质含量。一般认为，相同冻结温度下，接近饱和的含水率对团聚体破坏能力最强；相同含水率下，较低的温度更容易对土壤团聚体产生破坏作用（Oztas 和 Fayetorbay，2003；王风等，2009）；土壤有机质含量越高，土壤团聚体稳定性就越强（Lehrsch et al.，1991；王洋等，2007）。

此外，当地表覆盖积雪或土壤出现冻结层时，土壤与大气之间的对流与扩散会被极大地削弱甚至停止，一方面营造了一种厌氧的环境，使得土壤中反硝化作用增强，产生大量的 N_2O，另一方面产生"禁锢"作用，使得所产生的气体存储于冻土层内或冻土层以下，待到冻土融化时集中释放（Teepe et al.，

2001；Öquist et al.，2004；Koponen 和 Martikainen，2004）。

4. 冻融作用对氮素转化的影响及控制因素

冻融过程中影响土壤氮素转化的因素主要有：土地利用类型、冻融时间、土壤含水率、冻结温度（冻融强度及温差）和冻融循环次数。以下将论述冻融过程对土壤氮素矿化作用、铵态氮含量，硝化和反硝化作用的研究进展。

（1）冻融作用对土壤氮素矿化作用的影响。由于冻融作用改变了土壤的微生物活性和土壤结构，所以土壤的净氮矿化速率也随之发生变化。目前，一般认为农田土壤 C/N 比较低，且 pH 值比较高，所以冻融作用在农田土壤融化后增加了土壤氮素的矿化作用；而对于自然状况下的土壤却没有统一的结论，即便观测到了冻融作用对其矿化作用有影响，但是相对于年矿化速率来讲也非常小（Matzner 和 Borken，2008）。李源（2015）在对东北农田黑土的冻融循环试验中发现，短期的冻融循环降低了土壤的矿化速率，而长期的冻融则可以增加土壤的矿化速率。国内大多从农田取土的室内试验结果表明，与较温和的冻结温度（−5℃左右）相比，深度冻结（−25℃左右）更有利于土壤氮的矿化（周旺明等，2008；徐俊俊等，2011；周旺明等，2011；范志平等，2013），其原因可能是极低温度对土壤结构破坏得更严重，导致土壤胶体中铵态氮释放（Freppaz et al.，2007），同时极低温度可以导致更多微生物死亡，一方面为参与矿化作用的微生物提供更多的营养物质（Nielsen et al.，2001；Herrmann 和 Witter，2002），另一方面从死亡的微生物细胞里释放更多的无机氮（Deluca et al.，1992），进而增加土壤的矿化速率；但是也有在极地开展的试验表明，通过人为调整雪层厚度控制土壤温度，深雪层覆盖（土壤温度−5℃左右）土壤比浅雪层覆盖（−20℃）土壤中的氮矿化速率更高，造成以上差异的原因可能是土壤所处气候差异、土壤质地、土地利用类型等因素导致的。对于冻融次数，多数研究表明一次冻融导致的氮矿化作用最显著，随着冻融次数的增加矿化速率逐渐减小（Schimel 和 Clein，1996；Kurganova 和 Tipe，2003；Goldberg et al.，2010）。

（2）冻融作用对土壤铵态氮含量的影响。李源（2015）和张迪龙等（2015）对黑土的冻融试验结果表明，短期和长期冻融循环均可以提高氨化速率，使土壤铵态氮含量增加，尤其是土壤含水率高时，铵态氮含量增加明显。谢青琰和高永恒（2015）在对青藏高原高寒草甸土的冻融循环试验中发现随着冻融频次、温差和含水率的增加，土壤铵态氮含量增加。

（3）冻融作用对土壤氮素硝化和反硝化作用的影响。谢青琰和高永恒（2015）的研究表明土壤冻融温差对其硝态氮含量影响不大，其原因可能是自养硝化细菌对外界环境的改变极为敏感，而且恢复缓慢，加之反硝化效率的增加，所以不利于硝态氮的积累。Müller 等（2006）利用 ^{15}N 同位素示踪技术对草地土壤中硝化作用研究结果表明，土壤融化阶段硝化速率低，仅为 $0.1\mu gN \cdot (gd)^{-1}$，而融化后硝化速率则达到了 $11.4\mu gN \cdot (gd)^{-1}$。Yanai 等（2007）的研究结果则表明，冻融作用对硝化微生物种群的影响和土壤的理化性质、pH 值、有机物含量等因素相关。影响冻融过程中硝态氮含量变化的因素除硝化过程外，还受土壤结构破坏、植物根系吸收和反硝化作用的影响。土壤冻结时，土壤颗粒表面冻结后形成的冰膜，冻结土壤中氧气的消耗，以及冻土融化后含水率的增加均会使土壤颗粒形成封闭的缺氧环境，进而有利于反硝化作用的进行（谢青琰和高永恒，2015；Teepe et al.，2001）。Yanai 等（2007）和 Masuko 等（1985）的研究结果表明，冻融作用虽然降低了反硝化细菌的数量，但是反硝化细菌亚硝酸盐还原酶活性增加了 $2.5\sim4.5$ 倍。Corriveau 等对土壤团聚体的研究表明，冻融作用下轮作免耕的土壤反硝化速率比传统耕作模式高 92%，两种耕作模式土壤大团聚体（$0.2\sim5.0mm$）中的反硝化活性增加了 95%，其中较小颗粒（$0.2\sim2.0mm$）反硝化活性增加更多。

1.2.3.2　冻融作用对土壤氮素流失的影响

冻融作用导致的氮素流失主要通过两种途径，首先是通过 N_2O 的排放，绝大多数研究表明冻融交替使得土壤 N_2O 排放量增加，土壤类型和冻融温度是影响 N_2O 排放量对冻融作用响应不一致的主要原因（陈哲等，2016）。一般来说，农田土壤在冻融作用下 N_2O 释放量远大于自然植被（Grogan et al.，2004），其主要原因可能是农田施用的大量氮肥导致的土壤硝酸盐累积。此外，由于极低气温可以使更多的土壤团聚体破坏、微生物死亡，因而极端低温往往可以导致更多 N_2O 释放。其次，冻融作用还会增加氮素的淋溶损失。其主要原因是一方面冻融增加了土壤中可溶性氮素的含量，另一方面冻融增大了融化后土壤的入渗系数，进而增大了土壤融化后氮素的淋溶流失量（陈哲等，2016；吕欣欣等，2016）。

1.2.3.3　冻融作用对氮素转化研究中存在的不足

目前，针对冻融作用对氮素转化的研究中存在以下不足有待进一步研究：①大多研究关注的区域主要以高寒地区的森林、苔原、草地等受人为干扰较小的自然生态系统冻土为主，并不清楚在这些区域得到的规律是否适用于中低纬度的农业区；②室内及野外试验多关注冻结温度、冻融幅度、冻融循环次数等对氮素转化的影响，而对水分在冻融过程中对土壤结构、通气等带来的影响鲜有关注；③目前冻融循环的试验多在室内使用均质土及指定的冻融温度、频率开展，其试验条件与自然状态下的实际情况偏差较大，应加强野外原位培养试验的开展，以便与室内模拟试验相互印证。

1.2.4　冻融过程对流域氮素迁移转化的影响

在季节性冻融区，春季融雪产流期氮素的析出量往往很高，过高的氮素流失量会对该区域的陆地和水生生态系统造成不利影响（Williams 和 Melack，1991；Corriveau et al.，2011；Yano et al.，2015；Rattan et al.，2017）。受极端低温、土壤冻融、降雪累积融化等过程的影响，季节性冻融区氮素来源以及氮素析出入河过程和非冻融区有很大区别（Han et al.，2010）。

融雪产流期在流域尺度内影响氮素流失和损耗的因素可以分为两类：影响氮素来源和损耗的因素以及影响氮素迁移入河路径的因素（Christopher et al.，2008；Liu et al.，2013；Perrot et al.，2014；Jiang et al.，2015；Mattsson et al.，2015；Hall et al.，2016）。在冻结期，温度低，微生物活性差，植物对氮素的吸收减少，大气沉降中氮素增加，降雪在地表累积，很少产流，以上因素会导致流域内整个冬季水分和氮素的大量累积（Jones，1999；Matzner 和 Borken，2008；Sebestyen et al.，2008；Han et al.，2010；Shibata，2016）。氮素的有效性受冻融循环频率、冻结温度和土壤含水率的影响（Shibata et al.，2013；Urakawa et al.，2014；Zhou et al.，2017）。流域内产流路径受到气象条件影响很大。受极低气温的影响，土壤冻结，冻结过程中由于温度梯度的存在，会促使大量的水分向地表聚集（Ireson et al.，2013；Hui et al.，2015）。冻结的土壤由于土壤水结冰堵塞了土壤空隙，可以很大程度地降低土壤入渗率，使土壤入渗率接近于 0（Suzuki et al.，2006；Ireson et al.，2013），进而增加地表产流和氮素的析出（Suzuki et al.，2006；Christopher 和 Amanda，2008），秋季降雨量决定了冻结前土壤含水率的大小，因而在很大程度上影响了以上过程。冻土融化深度可以通过改变产流路径、入渗量和地下水位来影响产流期水文过程和氮素析出过程（Wright et al.，2009；Harms et al.，2012；Koch et al.，2014；Wang et al.，2016）。此外，冻融循环会减小土壤黏聚力，使土壤更易受到侵蚀（Xie et al.，2015）。冬末春初由于缺乏植被覆盖，更加加剧了土壤的侵蚀和氮素的流失（Kefi et al.，2011；Zhang and Sun，2011）。

目前，在受人为干扰较小的自然状态下的流域，如高寒地区以及林地占优的流域，已经有很多针对融雪产流过程和氮素析出过程的研究，但是这些研究大多关注非冻融期单个降雨事件和融化期融雪事件产流（小时、日尺度）之间的差异，或研究冻融期与非冻融期（年、月尺度）水、氮产出量之间的差异，而缺乏针对冻融期（日、月尺度）自身水、氮产出过程及其影响因素的研究（Woli et al.，2008；Corriveau et al.，2010；Siwek et al.，2011；Fucik et al.，2012；Jiang et al.，2014；Bauwe et al.，2015）。在受人类活动影响较大的农业区，冻结前土壤含水率以及土壤氮素含量受到灌溉以及施肥的极大影响（Corriveau et al.，2011；Chen et al.，2013；Shi et al.，2016；Yao et al.，2016）。因此，在受季节性冻融影响的农业区，由于下垫面、农业活动以及水循环过程的显著不同，其冻土融化期氮素的来源、析出入河过程和上述自然状态下的流域相比有很大不同（Poor 和 McDonnell，2007；Vidon et al.，2009；Jin et al.，2012；Jiang et al.，2014；Liu et al.，2014；Rezaei et al.，2016；Mekonnen et al.，2017）。然而，针对不同气象条件下受农业活动影响显著的季节性冻融区融化期氮素析出入河过程的研究却很少。而且以流域为核心，探究流域尺度上冻土融化期氮素来源、氮素从土壤向河道迁移路径，以及积雪覆盖、冻融对生态系统氮素输出、流域水体水质影响的综合研究在国内也很少。

1.2.5　冻融区非点源污染物产出过程模拟

为了实现对非点源污染的深入认识，达到对非点源污染的控制，国内外均非常重视非点源污染模型的研究。非点源模型的研究与应用，可以提供对污染物内部发生的复杂过程进行定量描述，帮助了解非点源污染的时空特征，识别污染物的主要来源和迁移路径，预测其负荷及对水体的影响，并指出不同管理与技术措施对非点源污染物负荷和水体水质的影响特征，为流域规划和管理提供决策依据。

常见的非点源模型根据建立途径和模拟过程主要分为两类：经验模型和物理模型，表 1.1 统计了国内外常见的农业非点源污染模型（任磊和黄廷林，2002；Borah et al.，2006）。经验模型是指依据因果分析和统计分析的方法建立统计模型，建立污染负荷与流域土地利用或径流量之间的统计关系（胡雪涛等，2002），这类模型对资料要求低，但由于缺乏机理基础，往往精度较低（韩成伟，2012），典型的经验模型有 USLE 和 RUSLE 等。物理模型是对整个事件或系统模拟的过程，采用的方法是原理和理论的推导，而不是过程的简化，模型参数通过实测或方程求得，典型物理模型有 CREAMS、ANSWERS、AGNPS、AnnAGNPS、SWAT 等（李海杰，2007）。目前，针对农业面源污染研究，应用比较广泛且验证效果较好的主要有 SWAT 和 AnnAGNPS 两种模型。

表 1.1　　　　　　　　国内外常见的农业非点源污染模型比较分析

模型名称	模型类型	研　究　重　点	主要研究对象
USLE	经验模型	水土流失、地表水质	固体颗粒及其吸附的氮、磷营养盐
RUSLE	经验模型	水土流失、地表水质	固体颗粒及其吸附的氮、磷营养盐
ANSWERS	物理模型	土壤侵蚀	固体颗粒
AGNPS	物理模型	河流水质	固体颗粒及其吸附的氮、磷营养盐
CREAMS	物理模型	土地利用对于产流、产沙、土壤养分以及化学物质流失的影响	化学物质

续表

模型名称	模型类型	研究重点	主要研究对象
SWAT	物理模型	农业面源污染	固体颗粒及其吸附的氮、磷营养盐
AnnAGNPS	物理模型	农业面源污染	固体颗粒及其吸附的氮、磷营养盐

SWAT 和 AnnAGNPS 中均有融雪产流模块（Borah et al.，2006；Flynn，2011），两者均在寒冷地区有应用。Flynn 等（2011）将 SWAT 应用于受融雪影响较大的高山地区，模拟其融雪产流和泥沙产量，效果良好。Shrestha 等（2012）用 SWAT 模型研究了气象变化对加拿大阿西尼博因上游流域水文和营养物质产出情况的影响，发现气候变化会导致融雪产流和营养物质析出的时间提前，量和峰值增加。Mekonnen 等（2016）将改进的 SWAT 模型 SWAT-PDLD 模拟了加拿大寒区草原流域营养物质的产出情况，效果良好。国内，韩成伟（2012）采用 SWAT 模型分析了寒冷地区非点源氮磷的环境行为；Ouyang 等（2013）将 SWAT 应用于受冻融影响的我国东北地区，研究了土地利用形式和土壤性质的变化对非点源氮污染的影响；此外，SWAT 在国内还被广泛地用于融雪产流过程的模拟（李慧等，2010；李成六，2011；余文君，2012；孙伟，2013）。AnnAGNPS 模型虽然有融雪产流模块，但是应用较少，仅在国外有少量案例，比如 Das 等（2006）将该模型应用在了加拿大南安大略地区，模拟了水、沙产量，国内则鲜有将该模型应用于冻融区水文过程或非点源污染物的模拟。

1.3 研究内容与目标

本书的核心内容是基于翔实的野外观测资料，科学系统地分析季节性冻融农业区融雪产流期水、氮时空分布特征，迁移转化规律以及影响因素。季节性冻融农业区冻融期流域地表和土壤水存储形态包括液态水、固态的冰和雪，三者之间受温度驱动相互转化，土壤中氮素的转化过程中亦受到冻融循环的影响显著，因此其水、氮的累积、转化、析出及迁移过程与非冻融区相比，具有较大的差异性与复杂性。气象条件作为雪/冰积累、消融，土壤冻结和融化的驱动因素，对水文及氮素产出过程的影响具有迟滞性、累积性和突变性。随着气候变化，季节性冻融区冻融期温度和降水在时间和量上均发生显著的变化，这些变化会改变冬季降水中降雪的比例，增加降雨驱动的融雪产流时间，改变地表温度及冻融循环次数，进而影响水、氮的产出过程，增加季节性冻融区春季水资源及水环境变化的不确定性。因此，为保障该区域用水安全及生态环境安全，需要回答以下问题：①冻融过程对土壤水分迁移及氮素转化有何影响？②冻融

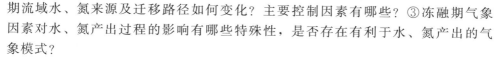

期流域水、氮来源及迁移路径如何变化？主要控制因素有哪些？③冻融期气象因素对水、氮产出过程的影响有哪些特殊性，是否存在有利于水、氮产出的气象模式？

针对以上问题，本书主要开展了以下工作：

（1）识别冻融过程对土壤水分迁移及土壤氮素转化的影响机制。本书通过田间观测，识别了冻融过程中土壤水分的主要变化区域，分析了冻融过程中冻土层在土壤水分迁移中的作用，确定了影响冻融过程中水分迁移的主要因素；通过土壤原位培养实验，确定了自然状态下冻融过程对不同下垫面表层土壤氮素转化的影响机制。研究结果表明，土壤冻结期，农田土壤含水率的上升主要集中在表层，玉米田和水稻田 0～10cm 含水率增幅超过 20％，水稻田增幅最大的土层为 10～20cm，达 60％；冻结速度慢、初始含水量低、相邻土层含水量高的土层在冻结过程中土壤含水率增加量大，反之则小；冻土融化期，各下垫面、各土层土壤含水率基本呈下降趋势，且主要集中在表层 0～30cm，以蒸发为主；冻土层对土壤入渗及蒸发有抑制作用，是造成各下垫面之间不同土层以及不同融化阶段之间土壤含水率差异的主要原因；土壤冻结过程使各下垫面表层土壤中铵态氮含量增加了 170％，硝态氮含量无显著变化，进而增加了土壤矿质氮含量及铵态氮所占比例，冻土的融化过程显著增加了融化初期的硝态氮含量。

（2）确定区域尺度水、氮来源及迁移路径的变化规律及影响因素。本书基于对典型流域融雪产流期水、氮产出观测数据、水中氧同位素数据以及下垫面、地形和气象数据，通过统计分析的方法，分析了水、氮在时间和空间上的变化特征，以及影响因素；分析了融雪产流过程中随着积雪和冻土的融化，氮素来源和产出路径的阶段性变化规律，寻找到一种可以有效界定其变化阶段的方法，并确定影响融雪产流各阶段氮素来源和产出路径变化的关键因素。研究结果表明，融雪产流期，硝态氮主要来自玉米田，铵态氮主要来自沿河的农村居住区，且铵态氮主要产出自前两个产流阶段；春季水氮产出过程并不同步，铵态氮和硝态氮的变化主要是融雪的冲刷作用造成的，而冲刷作用受到水分存储形态（冰/雪）和冻土融化速度的控制；降水和升温事件的发生时间会影响春季产流前地表水的存储形式（冰雪）和存储位置，从而对供水量、供水速率、产流路径和产流量产生很大影响；根据 $\delta^{18}O$ 与氮素浓度的关系，可以将融雪产流期氮素输出过程分为两个阶段，水稻田面积比例、农村居住区面积比例、平均坡度小于 2° 以及坡度为 6°～15° 的区域面积比例是影响各阶段产流量、氮浓度和产量的主要因素。

（3）揭示气象因子对融雪产流期水氮产出过程的影响机制，探求特定的影响模式。本书基于 2014—2015 年和 2015—2016 年冻融期观测资料以及过去 60

多年气象数据，采用 SWAT 模型，对典型流域过去 60 多年融化期水、氮产出过程进行模拟，分析其对冻融期气象条件的相应规律，探求季节性冻融农业区融化期极端水、氮产出事件所对应的气候模式。研究结果表明，温度冻结期天数和降水量是控制日融雪径流的主要因素，而日 $NO_3^- - N$ 产出量主要受融化期降水量影响。有利于融雪产流期水分和 $NO_3^- - N$ 产出的气候因子的组合模式不同。稳定冻结期较长的和融雪产流期起始时间较晚的年份总是伴随着较高的稳定冻结期降水量和较低的负累积温度，这增加了可用于产流的地表水量和径流系数，进而增加了融雪径流量；融雪产流期较晚的降雨和较高的温度有利于融雪期 $NO_3^- - N$ 的产出。

本 章 参 考 文 献

安建，黄建初. 中华人民共和国水污染防治法释义 [M]. 北京：法律出版社，2008.

陈晓飞，马巍，都洋，等. 土壤冻结过程中水分迁移规律的试验研究 [R]. 中国科协 2005 年学术年会，2005.

陈哲，杨世琦，张晴雯，等. 冻融对土壤氮素损失及有效性的影响 [J]. 生态学报，2016，36 (4)：1083 - 1094.

丁永建，张世，陈仁生. 寒区水文导论 [M]. 北京：科学出版社，2017.

杜琦. 不同地表条件下土壤冻结、融化规律分析 [J]. 地下水，2009，31 (4)：27 - 29.

段超宇. 基于 SWAT 模型的锡林河流域融雪径流模拟研究 [J]. 呼和浩特：内蒙古农业大学，2014.

范志平，李胜男，李法云，等. 冻融交替对河岸缓冲带土壤无机氮和土壤微生物量氮的影响 [J]. 气象与环境学报，2013，29 (4)：106 - 111.

郭占荣，荆恩春，聂振龙，等. 冻结期和冻融期土壤水分运移特征分析 [J]. 水科学进展，2002，13 (3)：298 - 302.

韩成伟. 寒冷地区非点源氮磷环境行为与模拟预测研究 [D]. 大连：大连理工大学，2012.

胡建忠. 生态清洁型小流域建设：绿化·美化·净化·产业化 [J]. 中国水土保持科学，2011，9 (1)：104 - 107.

胡雪涛，陈吉宁，张天柱. 非点源污染模型研究 [J]. 环境科学，2002，23 (3)：124 - 128.

荆继红，韩双平，王新忠，等. 冻结-冻融过程中水分运移机理 [J]. 地球学报，2007，28 (1)：50 - 54.

李成六. 基于 SWAT 模型的石羊河流域上游山区径流模拟研究 [D]. 兰州：兰州大学，2011.

李海杰. 吉林省双阳水库汇水区农业非点源污染研究 [D]. 长春：吉林大学，2007.

李慧，雷晓云，靳晟. 基于 SWAT 模型的山区冰雪融水河流的日径流模拟研究 [J]. 灌溉排水学报，2010，29 (3)：105 - 108.

李述训，程国栋. 兰州黄土在冻融过程中水热输运实验研究 [J]. 冰川冻土，1996，18 (4)：319 - 324.

李源. 东北黑土氮素转化和酶活性对水热条件变化的响应 [D]. 长春：东北师范大学，2015.

廖厚初, 张滨, 肖迪芳. 寒区冻土水文特性及冻土对地下水补给的影响 [J]. 黑龙江大学工程学报, 2008, 35 (3): 123-126.

吕欣欣, 孙海岩, 汪景宽, 等. 冻融交替对土壤氮素转化及相关微生物学特性的影响 [J]. 土壤通报, 2016, 47 (5): 1265-1272.

任磊, 黄廷林. 水环境非点源污染的模型模拟 [J]. 西安建筑科技大学学报: 自然科学版, 2002, 34 (1): 9-13.

孙伟. 基于 SWAT 模型石羊河流域径流模拟研究 [D]. 兰州: 兰州理工大学, 2013.

王恩姮, 赵雨森, 陈祥伟. 季节性冻融对典型黑土区土壤团聚体特征的影响 [J]. 应用生态学报, 2010 (4): 889-894.

王风, 韩晓增, 李良皓, 等. 冻融过程对黑土水稳性团聚体含量影响 [J]. 冰川冻土, 2009 (5): 915-919.

王丽芹, 齐玉春, 董云社, 等. 冻融作用对陆地生态系统氮循环关键过程的影响效应及其机制 [J]. 应用生态学报, 2015, 26 (11): 3532-3544.

王晓巍. 北方季节性冻土的冻融规律分析及水文特性模拟 [D]. 哈尔滨: 东北农业大学, 2010.

王洋, 刘景双, 王国平, 等. 冻融作用与土壤理化效应的关系研究 [J]. 地理与地理信息科学, 2007, 23 (2): 91-96.

杨忠臣, 魏丹, 陈丹, 等. 不同积雪覆盖条件下土壤冻结状况及水分迁移规律研究 [J]. 水利科技与经济, 2007, 13 (6): 3570-3572.

吴谋松, 黄介生, 谭霄, 等. 不同地下水补给条件下非饱和砂壤土冻结试验及模拟 [J]. 水科学进展, 2014, 25 (1): 60-68.

谢青琰, 高永恒. 冻融对青藏高原高寒草甸土壤碳氮磷有效性的影响 [J]. 水土保持学报, 2015, 29 (1): 137-142.

徐俊俊, 吴彦, 张新全, 等. 冻融交替对高寒草甸土壤微生物量氮和有机氮组分的影响 [J]. 应用与环境生物学报, 2011, 17 (1): 57-62.

徐学祖, 王家澄, 张立新. 冻土物理学 [M]. 北京: 科学出版社, 2001.

阳勇, 陈仁升. 冻土水文研究进展 [J]. 地球科学进展, 2011, 26 (7): 711-723.

杨广云, 阴法章, 刘晓凤, 等. 寒冷地区冻土水特性与产流机制研究 [J]. 水利水电技术, 2007, 38 (1): 39-42.

杨金凤, 郑秀清, 邢述彦. 地表覆盖条件下冻融土壤水热动态变化规律研究 [J]. 太原理工大学学报, 2008 (3): 303-306.

杨思忠, 金会军. 冻融作用对冻土区微生物生理和生态的影响 [J]. 生态学报, 2008, 28 (10): 5065-5074.

杨针娘, 杨志怀. 祁连山冰沟流域冻土水文过程 [J]. 冰川冻土, 1993, 15 (2): 235-241.

杨针娘, 刘新仁, 曾群柱, 等. 中国寒区水文 [M]. 北京: 科学出版社, 2000.

余文君. SWAT 模型在黑河山区流域的改进与应用 [D]. 南京: 南京师范大学, 2012.

张迪龙, 张海涛, 韩旭, 等. 冻融循环作用对不同深度土壤各形态氮磷释放的影响 [J]. 节水灌溉, 2015 (1): 36-42.

张侠. 冻融循环对压实黄土的水分重分布, 变形和密度影响试验研究 [D]. 兰州: 兰州理工大学, 2010.

周旺明, 秦胜金, 刘景双, 等. 沼泽湿地土壤氮矿化对温度变化及冻融的响应 [J]. 农业环境科学学报，2011，30（4）：806 – 811.

周旺明，王金达，刘景双，等. 冻融对湿地土壤可溶性碳，氮和氮矿化的影响［J］. 生态与农村环境学报，2008，24（3）：1 – 6.

周有才. 季节性冻结区水分动态研究方法商榷［J］. 冰川冻土，1980（1）：46 – 53.

BAUWE A，TIEMEYER B，KAHLE P，et al. Classifying Hydrological Events to Quantify Their Impact on Nitrate Leaching across Three Spatial Scales［J］. Journal of Hydrology，2015，531：589 – 601.

BAYARD D，STÄHLI M，PARRIAUX A，et al. The Influence of Seasonally Frozen Soil on the Snowmelt Runoff at Two Alpine Sites in Southern Switzerland［J］. Journal of Hydrology，2005，309（1 – 4）：66 – 84.

BORAH D K，YAGOW G，SALEH A，et al. Sediment and Nutrient Modeling for Tmdl Development and Implementation T M D L［J］. IEEE Journal of Selected Topics in Applied Earth Observations & Remote Sensing，2006，8（4）：1456 – 1464.

CHANG L Y，DAI C L，LIAO H C. Research Overview on Hydrological Effects of Frozen Soil［J］. Advanced Materials Research，2012，550：2459 – 2465.

CHEN S，OUYANG W，HAO F，et al. Combined Impacts of Freeze – Thaw Processes on Paddy Land and Dry Land in Northeast China［J］. Science of the Total Environment，2013，456 – 457：24 – 33.

CHRISTOPHER S，AMANDA B. Estimates of Canadian Arctic Archipelago Runoff from Observed Hydrometric Data［J］. Journal of Hydrology，2008，362（3 – 4）：247 – 259.

CHRISTOPHER S F，MITCHELL M J，MCHALE M R，et al. Factors Controlling Nitrogen Release from Two Forested Catchments with Contrasting Hydrochemical Responses［J］. Hydrological Processes，2008，22（1）：46 – 62.

CLEAVITT N L C L，FAHEY T J F J，GROFFMAN P M G M，et al. Effects of Soil Freezing on Fine Roots in a Northern Hardwood Forest［J］. Canadian Journal of Forest Research，2008，38（1）：82 – 91.

CORRIVEAU J，CHAMBERS P A，YATES A G，et al. Snowmelt and Its Role in the Hydrologic and Nutrient Budgets of Prairie Streams［J］. Water Science and Technology，2011，64（8）：1590 – 1596.

CORRIVEAU J，BOCHOVE E，SAVARD M M，et al. Occurrence of High in – Stream Nitrite Levels in a Temperate Region Agricultural Watershed［J］. Water Air and Soil Pollution，2010，206（1 – 4）：335 – 347.

CORTE A E. Vertical Migration of Particles in Front of a Moving Freezing Plane［J］. Journal of Geophysical Research，1962，67（3）：1085 – 1090.

DAS S，RUDRA R P，GOEL P K，et al. Evaluation of Annagnps in Cold and Temperate Regions［J］. Water Science & Technology A Journal of the International Association on Water Pollution Research，2006，53（2）：263.

DELUCA T H，KEENEY D R，MCCARTY G W. Effect of Freeze – Thaw Events on Mineralization of Soil Nitrogen［J］. Biology & Fertility of Soils，1992，14（2）：116 – 120.

DÖRSCH P，PALOJÄRVI A，MOMMERTZ S. Overwinter Greenhouse Gas Fluxes in Two Contrasting Agricultural Habitats［J］. Nutrient Cycling in Agroecosystems，2004，70（2）：

117 – 133.

DOUGLAS A L. Proceedings Permafrost International Conference, Publication 1287 [J]. Soil Science, 1969, 107 (4): 310.

FENG X, NIELSEN L L, SIMPSON M J. Responses of Soil Organic Matter and Microorganisms to Freeze – Thaw Cycles [J]. Soil Biology & Biochemistry, 2007, 39 (8): 2027 – 2037.

FLYNN K F. Evaluation of Swat for Sediment Prediction in a Mountainous Snowmelt – Dominated Catchment [J]. Transactions of the Asabe, 2011, 54 (1): 113 – 122.

FOURIE W J, BARNES D L, SHUR Y. The Formation of Ice from the Infiltration of Water into a Frozen Coarse Grained Soil [J]. Cold Regions Science & Technology, 2007, 48 (2): 118 – 128.

FREPPAZ M, WILLIAMS B L, EDWARDS A C, et al. Simulating Soil Freeze/Thaw Cycles Typical of Winter Alpine Conditions: Implications for N and P Availability [J]. Applied Soil Ecology, 2007, 35 (1): 247 – 255.

FUCIK P, KAPLICKA M, KVITEK T, et al. Dynamics of Stream Water Quality During Snowmelt and Rainfall – Runoff Events in a Small Agricultural Catchment [J]. Clean – Soil Air Water, 2012, 40 (2): 154 – 163.

GOLDBERG S D, MUHR J, BORKEN W, et al. Fluxes of climate – relevant trace gases between a Norway spruce forest soil and atmosphere during repeated freeze – thaw cycles in mesocosms [J]. Journal of Plant Nutrition and Soil Science, 2008, 171 (5): 729 – 739.

GROGAN P, MICHELSEN A, AMBUS P, et al. Freeze – Thaw Regime Effects on Carbon and Nitrogen Dynamics in Sub – Arctic Heath Tundra Mesocosms [J]. Soil Biology and Biochemistry, 2004, 36 (4): 641 – 654.

HAL H. Soil Freeze – Thaw Cycle Experiments: Trends, Methodological Weaknesses and Suggested Improvements [J]. Soil Biology & Biochemistry, 2007, 39 (5): 977 – 986.

HALL S J, WEINTRAUB S R, EIRIKSSON D, et al. Stream Nitrogen Inputs Reflect Groundwater across a Snowmelt – Dominated Montane to Urban Watershed [J]. Environmental Science & Technology, 2016, 50 (3): 1137 – 1146.

HAN C W, XU S G, LIU J W, et al. Nonpoint – Source Nitrogen and Phosphorus Behavior and Modeling in Cold Climate: A Review [J]. Water Science and Technology, 2010, 62 (10): 2277 – 2285.

HARMS T K, JONES J B, JR. Thaw Depth Determines Reaction and Transport of Inorganic Nitrogen in Valley Bottom Permafrost Soils [J]. Global Change Biology, 2012, 18 (9): 2958 – 2968.

HENTSCHEL K, BORKEN W, MATZNER E. Repeated Freeze – Thaw Events Affect Leaching Losses of Nitrogen and Dissolved Organic Matter in a Forest Soil [J]. Journal of Plant Nutrition and Soil Science, 2008, 171 (5): 699 – 706.

HERRMANN A, WITTER E. Sources of C and N Contributing to the Flush in Mineralization Upon Freeze – Thaw Cycles in Soils [J]. Soil Biology & Biochemistry, 2002, 34 (10): 1495 – 1505.

HUI B, PING H, YING Z. Cyclic Freeze – Thaw as a Mechanism for Water and Salt Migration in Soil [J]. Environmental Earth Sciences, 2015, 74 (1): 675 - 681.

IRESON A, KAMP G, FERGUSON G, et al. Hydrogeological Processes in Seasonally Frozen Northern Latitudes: Understanding, Gaps and Challenges [J]. Hydrogeology Journal, 2013, 21 (1): 53 - 66.

IVARSON K C, SOWDEN F J. Effect of Freezing on the Free Amino Acids in Soil [J]. Canadian Journal of Soil Science, 1966, 46 (2): 115 - 120.

JIANG R, HATANO R, ZHAO Y, et al. Factors Controlling Nitrogen and Dissolved Organic Carbon Exports across Timescales in Two Watersheds with Different Land Uses [J]. Hydrological Processes, 2014, 28 (19): 5105 - 5121.

JIANG R, WANG C - y, HATANO R, et al. Factors Controlling the Long - Term Temporal and Spatial Patterns of Nitrate - Nitrogen Export in a Dairy Farming Watershed [J]. Environmental Monitoring and Assessment, 2015, 187 (4): 1 - 16.

JIN L, SIEGEL D I, LAUTZ L K, et al. Identifying Streamflow Sources During Spring Snowmelt Using Water Chemistry and Isotopic Composition in Semi - Arid Mountain Streams [J]. Journal of Hydrology, 2012, 470: 289 - 301.

JONES H G. The Ecology of Snow - Covered Systems: A Brief Overview of Nutrient Cycling and Life in the Cold [J]. Hydrological Processes, 1999, 13 (14 - 15): 2135 - 2147.

JOSHUA P S, CAROL B, JEFFERY M W. Increased Snow Depth Affects Microbial Activity and Nitrogen Mineralization in Two Arctic Tundra Communities [J]. Soil Biology and Biochemistry, 2004, 36 (2): 217 - 227.

KEFI M, YOSHINO K, SETIAWAN Y, et al. Assessment of the Effects of Vegetation on Soil Erosion Risk by Water: A Case of Study of the Batta Watershed in Tunisia [J]. Environmental Earth Sciences, 2011, 64 (3): 707 - 719.

KOCH J C, KIKUCHI C P, WICKLAND K P, et al. Runoff Sources and Flow Paths in a Partially Burned, Upland Boreal Catchment Underlain by Permafrost [J]. Water Resources Research, 2014, 50 (10): 8141 - 8158.

KOPONEN H T, JAAKKOLA T, KEINANENTOIVOLA M M, et al. Microbial Communities, Biomass, and Activities in Soils as Affected by Freeze Thaw Cycles [J]. Soil Biology & Biochemistry, 2006, 38 (7): 1861 - 1871.

KOPONEN H T, MARTIKAINEN P J. Soil Water Content and Freezing Temperature Affect Freeze - Thaw Related N 2 O Production in Organic Soil [J]. Nutrient Cycling in Agroecosystems, 2004, 69 (3): 213 - 219.

KURGANOVA I N, TIPE P. The Effect of Freezing - Thawing Processes on Soil Respiration Activity [J]. Eurasian Soil Science, 2003, 36 (9): 976 - 985.

LEHRSCH G A, SOJKA R E, CARTER D L, et al. Freezing Effects on Aggregate Stability Affected by Texture, Mineralogy, and Organic Matter [J]. Soil Science Society of America Journal, 1991, 55 (5): 1401 - 1406.

LIU J, WU F, YANG W, et al. Effect of Seasonal Freeze - Thaw Cycle on Net Nitrogen Mineralization of Soil Organic Layer in the Subalpine/Alpine Forests of Western Sichuan, China [J]. Acta Ecologica Sinica, 2013, 33 (1): 32 - 37.

LIU K, ELLIOTT J A, LOBB D A, et al. Nutrient and Sediment Losses in Snowmelt Runoff from Perennial Forage and Annual Cropland in the Canadian Prairies [J]. Journal of Environmental Quality, 2014, 43 (5): 1644 – 1655.

MÄNNISTÖ M K, TIIROLA M, HÄGGBLOM M M. Effect of Freeze – Thaw Cycles on Bacterial Communities of Arctic Tundra Soil [J]. Microbial Ecology, 2009, 58 (3): 621 – 631.

MASUKO M, IWASAKI H, SAKURAI T, et al. Effects of Freezing on Purified Nitrite Reductase from a Denitrifier, Alcaligenes Sp. Ncib 11015 [J]. Journal of Biochemistry, 1985, 98 (5): 1285 – 1291.

MATTSSON T, KORTELAINEN P, RAIKE A, et al. Spatial and Temporal Variability of Organic C and N Concentrations and Export from 30 Boreal Rivers Induced by Land Use and Climate [J]. Science of the Total Environment, 2015, 508: 145 – 154.

MATZNER E, BORKEN W. Do Freeze – Thaw Events Enhance C and N Losses from Soils of Different Ecosystems? A Review [J]. European Journal of Soil Science, 2008, 59 (2): 274 – 284.

MEKONNEN B A, MAZUREK K A, PUTZ G. Modeling of Nutrient Export and Effects of Management Practices in a Cold – Climate Prairie Watershed: Assiniboine River Watershed, Canada [J]. Agricultural Water Management, 2016, 180.

MEKONNEN B A, MAZUREK K A, PUTZ G. ※ Modeling of Nutrient Export and Effects of Management Practices in a Cold – Climate Prairie Watershed: Assiniboine River Watershed, Canada [J]. Agricultural Water Management, 2017, 180: 235 – 251.

MULLER C, MARTIN M, STEVENS R J, et al. Processes Leading to N20 Emissions in Grassland Soil During Freezing and Thawing [J]. Soil Biology & Biochemistry, 2002, 34 (9): 1325 – 1331.

NIELSEN C B, GROFFMAN P M, HAMBURG S P, et al. Freezing Effects on Carbon and Nitrogen Cycling in Northern Hardwood Forest Soils [J]. Soil Science Society of America Journal, 2001, 65 (6): 1723 – 1730.

ÖQUIST M G, NILSSON M, SÖRENSSON F, et al. Nitrous Oxide Production in a Forest Soil at Low Temperatures – Processes and Environmental Controls [J]. FEMS Microbiol Ecol, 2004, 49 (3): 371 – 378.

OUYANG W, HUANG H B, HAO F H, et al. Synergistic Impacts of Land – Use Change and Soil Property Variation on Non – Point Source Nitrogen Pollution in a Freeze – Thaw Area [J]. Journal of Hydrology, 2013, 495: 126 – 134.

OZTAS T, FAYETORBAY F. Effect of Freezing and Thawing Processes on Soil Aggregate Stability [J]. Catena, 2003, 52 (1): 1 – 8.

PERROT D, MOLOTCH N P, WILLIAMS M W, et al. Relationships between Stream Nitrate Concentration and Spatially Distributed Snowmelt in High – Elevation Catchments of the Western Us [J]. Water Resources Research, 2014, 50 (11): 8694 – 8713.

POOR C J, MCDONNELL J J. The Effects of Land Use on Stream Nitrate Dynamics [J]. Journal of Hydrology, 2007, 332 (1 – 2): 54 – 68.

RATTAN K J, CORRIVEAU J C, BRUA R B, et al. Quantifying Seasonal Variation in Total Phosphorus and Nitrogen from Prairie Streams in the Red River Basin, Manitoba Canada [J]. Science of the Total Environment, 2017, 575: 649 – 659.

19

REZAEI M, VALIPOUR M. Modelling Evapotranspiration to Increase the Accuracy of the Estimations Based on the Climatic Parameters [J]. Water Conservation Science & Engineering, 2016, 1 (3): 1 - 11.

SCHIMEL J P, CLEIN J S. Microbial Response to Freeze - Thaw Cycles in Tundra and Taiga Soils [J]. Soil Biology & Biochemistry, 1996, 28 (8): 1061 - 1066.

SEBESTYEN S D, BOYER E W, SHANLEY J B, et al. Ohte. Sources, Transformations, and Hydrological Processes That Control Stream Nitrate and Dissolved Organic Matter Concentrations During Snowmelt in an Upland Forest [J]. Water Resources Research, 2008, 44 (12): 285 - 295.

SHARMA S, SZELE Z, SCHILLING R, et al. Schloter. Influence of Freeze - Thaw Stress on the Structure and Function of Microbial Communities and Denitrifying Populations in Soil [J]. Applied & Environmental Microbiology, 2006, 72 (3): 2148 - 2154.

SHI Y, ZIADI N, MESSIGA A J, et al. Nongrowing Season Soil Surface Nitrate and Phosphate Dynamics in a Corn - Soybean Rotation in Eastern Canada: In Situ Evaluation Using Anionic Exchange Membranes [J]. Canadian Journal of Soil Science, 2016, 96 (2): 136 - 144.

SHIBATA H. Impact of Winter Climate Change on Nitrogen Biogeochemistry in Forest Ecosystems: A Synthesis from Japanese Case Studies [J]. Ecological Indicators, 2016, 65: 4 - 9.

SHIBATA H, HASEGAWA Y, WATANABE T, et al. Impact of Snowpack Decrease on Net Nitrogen Mineralization and Nitrification in Forest Soil of Northern Japan [J]. Biogeochemistry, 2013, 116 (1 - 3): 69 - 82.

SHRESTHA R R, DIBIKE Y B, PROWSE T D. Modeling Climate Change Impacts on Hydrology and Nutrient Loading in the Upper Assiniboine Catchment [J]. Journal of the American Water Resources Association3, 2012, 48 (1): 74 - 89.

SIWEK J P, ZELAZNY M, CHELMICKI W. Influence of Catchment Characteristics and Flood Type on Relationship between Streamwater Chemistry and Streamflow: Case Study from Carpathian Foothills in Poland [J]. Water Air and Soil Pollution, 2011, 214 (1 - 4): 547 - 563.

SUZUKI K, KUBOTA J, OHATA T, et al. Influence of Snow Ablation and Frozen Ground on Spring Runoff Generation in the Mogot Experimental Watershed, Southern Mountainous Taiga of Eastern Siberia [J]. Nordic Hydrology, 2006, 37 (1): 21 - 29.

TEEPE R, BRUMME R, BEESE F. Nitrous Oxide Emissions from Soil During Freezing and Thawing Periods [J]. Soil Biology and Biochemistry, 2001, 33 (9): 1269 - 1275.

TIERNEY G L, FAHEY T J, GROFFMAN P M, et al. Soil Freezing Alters Fine Root Dynamics in a Northern Hardwood Forest [J]. Biogeochemistry, 2001, 56 (2): 175 - 190.

TYUTYUNOV I S. New Concepts of the Nature of Frozen Soils [J]. Permafrost Second International Conference, Yakutsk, Russia, National Academy of Science. 1978.

UHLMANN D R, CHALMERS B, JACKSON K A. Interaction between Particles and a Solid - Liquid Interface [J]. Journal of Applied Physics, 1964, 35 (10): 2986 - 2993.

URAKAW R, SHIBATA H, KUROIWA M, et al. Effects of Freeze - Thaw Cycles Resulting from Winter Climate Change on Soil Nitrogen Cycling in Ten Temperate Forest Ecosystems

Throughout the Japanese Archipelago [J]. Soil Biology & Biochemistry, 2014, 74: 82-94.

VIDON P, HUBBARD L E, SOYEUX E. Seasonal Solute Dynamics across Land Uses During Storms in Glaciated Landscape of the Us Midwest [J]. Journal of Hydrology, 2009, 376 (1-2): 34-47.

WANG Y, BIAN J M, WANG S N, et al. Evaluating Swat Snowmelt Parameters and Simulating Spring Snowmelt Nonpoint Source Pollution in the Source Area of the Liao River [J]. Polish Journal of Environmental Studies, 2016, 25 (5): 2177-2185.

WATANABE K, YOSHIKO M A, MIZOGUCHI M. Water and Solute Distributions near an Ice Lens in a Glass-Powder Medium Saturated with Sodium Chloride Solution under Unidirectional Freezing [J]. Crystal Growth & Design, 2001, 1 (3): 207-211.

WILLIAMS M W, MELACK J M. Solute Chemistry of Snowmelt and Runoff in an Alpine Basin, Sierra-Nevada [J]. Water Resources Research, 1991, 27 (7): 1575-1588.

WOLI K P, HAYAKAWA A, KURAMOCHI K, et al. Assessment of River Water Quality During Snowmelt and Base Flow Periods in Two Catchment Areas with Different Land Use [J]. Environmental Monitoring & Assessment, 2008, 137 (1-3): 251-260.

WOO M K, YOUNG K L. High Arctic Wetlands: Their Occurrence, Hydrological Characteristics and Sustainability [J]. Journal of Hydrology, 2006, 320 (3): 432-450.

WRIGHT N, HAYASHI M, QUINTON W L. Spatial and Temporal Variations in Active Layer Thawing and Their Implication on Runoff Generation in Peat-Covered Permafrost Terrain [J]. Water Resources Research, 2009, 45 (5): 427-439.

XIE S B, QU J J, LAI Y M, et al. Effects of Freeze-Thaw Cycles on Soil Mechanical and Physical Properties in the Qinghai-Tibet Plateau [J]. Journal of Mountain Science, 2015, 12 (4): 999-1009.

YANAI Y, TOYOTA K, OKAZAKI M. Response of Denitrifying Communities to Successive Soil Freeze-Thaw Cycles [J]. Biology & Fertility of Soils, 2007, 44 (1): 113-119.

YANG D, YE B, KANE D L. Streamflow Changes over Siberian Yenisei River Basin [J]. Journal of Hydrology, 2004, 296 (1): 59-80.

YANO Y, BROOKSHIRE E N J, HOLSINGER J, et al. Long-Term Snowpack Manipulation Promotes Large Loss of Bioavailable Nitrogen and Phosphorus in a Subalpine Grassland [J]. Biogeochemistry, 2015, 124 (1-3): 319-333.

YAO B, LI G, WANG F. Effects of Winter Irrigation and Soil Surface Mulching During Freezing-Thawing Period on Soil Water-Heat-Salt for Cotton Fields in South Xinjiang [J]. Transactions of the Chinese Society of Agricultural Engineering, 2016, 32 (7): 114-120.

YOUNG K L, ASSINI J, ABNIZOVA A, et al. Hydrology of Hillslope-Wetland Streams, Polar Bear Pass, Nunavut, Canada [J]. Hydrological Processes, 2010, 24 (23): 3345-3358.

ZHANG K, KIMBALL J S, KIM Y, McDonald K. C. Changing Freeze-Thaw Seasons in Northern High Latitudes and Associated Influences on Evapotranspiration [J]. Hydrological Processes, 2011, 25 (26): 4142-4151.

ZHANG X, SUN S F. The Impact of Soil Freezing/Thawing Processes on Water and Energy Balances [J]. Advances in Atmospheric Sciences, 2011, 28 (1): 169-177.

ZHAO L T，GRAY D M，TOTH B. Influence of Soil Texture on Snowmelt Infiltration into Frozen Soils [J]．Canadian Journal of Soil Science，2002，82（1）：75 - 83.

ZHAO Q，CHANG D，WANG K，et al. Patterns of Nitrogen Export from a Seasonal Freezing Agricultural Watershed During the Thawing Period [J]．Science of the Total Environment，2017，s 599 - 600：442 - 450.

ZHOU Y，BERRUTI F，GREENHALF C，et al. Increased Retention of Soil Nitrogen over Winter by Biochar Application：Implications of Biochar Pyrolysis Temperature for Plant Nitrogen Availability [J]．Agriculture Ecosystems & Environment，2017，236：61 - 68.

第 2 章

土壤冻融过程中水分和温度的变化特征

　　本章选取受季节性冻融影响显著的东北农业区黑顶子河流域为研究对象，对其气象条件以及冻融期玉米田和水稻田土壤水分和温度进行观测，结合试验数据识别了冻融过程中影响土壤温度的主要因素以及土壤水分的主要变化区域，分析了冻融过程中冻土层在土壤水分迁移中的作用，确定了影响冻融过程中水分迁移的主要因素。

2.1　土壤冻融过程中水分和温度变化规律监测试验

2.1.1　试验背景及目的

　　土壤冻融作用是高纬度和高海拔地带性土壤热量动态的一种表现形式，是土壤与大气季节或昼夜温差所致的反复"冻结—融化"过程（王丽芹等，2015；Edwards et al.，1992）。该过程中土壤水分和温度的变化和分布特征对土壤水资源的有效利用有着重要的意义。

　　冻融期土壤温度主要受气象条件、土壤性质和地表覆盖条件的综合影响。崔乐乐等（2014）在对黑河中游农田荒漠过渡带土壤冻融过程水热动态的研究中发现，冻融期土壤温度随气温剧烈变化，变幅随土壤深度的增加而减小，三种土壤温度变幅由剧烈到平缓的顺序为荒漠＞农田＞防护林。胡伟等（2018）在对东北典型黑土冻融期水热过程的研究中发现，土壤温度在各冻融阶段均表现为解冻期＞始冻期＞完全冻结期。边晴云等（2017）、姚闯等（2019）对黄河源冻土水热变化过程的研究中发现，积雪可减少土壤吸收辐射能量，减少地表感热通量，在土壤完全冻结期与消融期增大地表潜热通量，在完全冻结期，减少土壤向大气的热输送，在消融期，减少大气向土壤的热输送。

　　在冻结过程中，影响水分迁移的因素主要可以分为两类：

　　（1）影响冻结前土壤含水率的因素，张辉（2014）的研究表明冻结过程中未冻土向冻土中水分的迁移量随初始含水率的增加而增加，而荆继红等（2007）、郭占荣等（2002）和吴谋松等（2014）等均发现，冻结过程中不同潜水埋深条件下土壤水与潜水的转化关系有显著差异。

（2）影响冻结封面推进速率即影响水分补给持续时间的因素，比如地表积雪、秸秆、地膜等覆盖，均可以减缓土壤冻结速率，进而延长水分补给持续时间，使得土壤冻结后水分增加量显著上升（杜琦，2009；魏丹等，2007；杨金凤等，2008）。一般来说，自然状态下土壤冻结过程为单一方向冻结，而融化过程则由表层和深层双向融化，因此融化过程中水分迁移也相对复杂（罗栋梁等，2014；Bayard et al.，2005），表层冻土融化层往往接收融雪和降雨水分，在冻土层的顶托下形成饱和或过饱和含水层（Bayard et al.，2005），而底层冻土的融化则可以补给地下水（孙志超，2016）。此外，冻融作用还通过对土壤蒸发能力（Zhang et al.，2011；Chang et al.，2012）、入渗能力（Fourie et al.，2007；Zhao et al.，2002）、地表水和地下水水力联系的影响（廖厚初等，2008），进一步影响春季农田中土壤水分状况（Luo et al.，2003；Chen et al.，2013），因此，研究冻融过程对农田土壤水分迁移过程的影响，对于指导农业区耕作及水肥管理有着重要的意义。

本章选取受季节性冻融显著的东北农业区黑顶子河流域，对其气象条件以及冻融期玉米田和水稻田土壤水分和温度进行观测，研究冻融期农田土壤水分和温度的变化规律及影响因素。本章所关注的问题主要有以下几个：①冻融过程中影响土壤温度的主要因素；②冻融过程中土壤水分的主要变化区域；③冻融过程中冻土层在土壤水分迁移中的作用；④冻融过程中水分迁移的主要影响因素。研究结果可为东北季节性冻融农田春季合理安排播种期、预测作物生长发育、调整农业生产结构提供理论指导和科学依据。

2.1.2 试验方法

2.1.2.1 试验区域概况

1. 地理位置

黑顶子河流域位于吉林省长春市双阳区内（东经 $125°34'27''\sim125°42'22''$，北纬 $43°22'48''\sim43°29'37''$），是松花江的三级支流，发源于双阳区黑顶子乡老窝屯东北，自南向北在双阳区东侧汇入双阳河，全长 30.40km，在双阳区内河长为 16.00km，流域面积为 75.25km²，其中坡地面积为 61.78km²，河谷平原面积为 11.68km²。

2. 地质地貌

黑顶子河地处吉林地槽系、低山丘陵区，地质结构较复杂，不同时期构造运动所生成的火成岩及变质岩大面积相间出露，地貌为山岳地形，河谷平原，河谷内堆积第四纪松散岩石，总厚度为 7m，地形南高北低。地质作用营力相差较大，有河水冲积的黏性土、砂、砂砾石、冰川底渍的泥砾层。常见冲沟、陡崖、岩石塌落、风化砂堆积和老河道遗留泡沼等地质现象。

3. 土壤与植被

黑顶子河流域属于世界三大黑土区之一，土壤有机质含量高。根据双阳区土壤普查数据，流域内土壤主要包括白浆土、水稻土、黑钙土、草甸土和暗棕土等。流域内主要农作物为玉米和水稻，分别占流域面积的 69.1% 和 12.5%。森林覆盖率为 14.0%，以杨木为主，有落叶松、樟子松、柳树等，剩下的为农村居住区，所占流域比例为 4.4%。

4. 气象条件

黑顶子河流域属于温寒带半湿润大陆性季风区气候，根据双阳区气象站实测数据，年平均气温为 4.8℃，1 月最冷，平均气温为 −17.0℃ 左右，极端最低气温 −38.4℃。7 月最热，平均气温为 21～23℃，极端最高气温 38.0℃。多年平均降水量为 624.7mm，主要集中在 6—9 月，为 471.3mm，占全年降水量的 75.4%。暴雨多发生在 7 月中旬至 8 月中旬。多年平均水面蒸发量（20cm 蒸发皿）为 1381.4mm。封冻期一般在 11 月中旬至翌年 3 月下旬，最大冰厚可达 1m，历年最大冻土深度 158cm。冻结期一般从 11 月中旬至翌年 3 月上旬，平均温度为 −10.5℃，平均降水量为 31.8mm。融化期为 3 月上旬至 4 月底，平均温度和降水量分别为 5.2℃ 和 40.7mm。

5. 水文条件

根据《吉林省地表水资源公报》和黑顶子水库观测还原的径流数据分析，黑顶子河的年径流主要由大气降水产生，年径流量在长春市区是偏多的河流，多年平均年径流深度为 120～125mm。由于受大气降水的季节变化、气象和下垫面条件等因素的影响，径流年内分配不均，其季节性变化有枯水期、春汛和夏汛之分，从水流形态上又分畅流期和封冻期。6—9 月为夏汛期，径流量占年径流总量的 60% 左右，一般在 3 月下旬至 4 月上旬为春汛期，径流量占年径流总量的 10%。11—12 月和次年 1—2 月为枯水期，径流量占年径流总量的 10% 多。该河常年径流不断，径流的年际变化较大。

黑顶子河共有黑顶子沟、左家沟、刘家街沟、长山沟、蔡家沟和半截沟等 7 条主要支流，支流水质均达到或超过《地表水环境质量标准》（GHZB—1999）Ⅱ类或Ⅲ类标准。黑顶子河谷地下水为河谷砂层中孔隙潜水，大气降水补给为主，已开发利用地下水资源面积为 6km^2，可开采地下水量为 82.2 万 m^3，地下水属重碳酸钙钠型优质淡水。

2.1.2.2 试验方案

研究于 2014—2015 年冻融期开展，分别在土壤冻结前（2014 年 11 月 11—

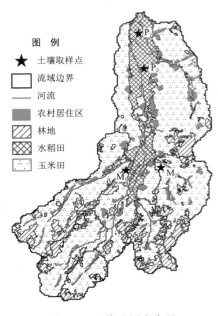

图 例
★　土壤取样点
▢　流域边界
——　河流
▨　农村居住区
▨　林地
▨　水稻田
▨　玉米田

图 2.1　土壤监测点布置

12 日）、冻结期（2015 年 3 月 3—4 日，2015 年 3 月 16—17 日）和融化期（2015 年 3 月 26—27 日，2015 年 4 月 6—7 日，2015 年 4 月 17—18 日）在玉米田（M_1 和 M_2）和水稻田（P_1 和 P_2）用洛阳铲进行了 6 次取样，为增加取样的代表性，其中 P_1 和 P_2 分别位于中游和下游主河道附近水稻田内，M_1 和 M_2 分别位于两条支流河道旁玉米田内，其中 M_1 位于坡上，M_2 位于坡脚，在取样过程中观测其冻结和融化深度，所取土样编号放入自封袋内，运回实验室后用烘干法测量其土壤含水率。在 P_2 和 M_2 取样点附近埋入温度探头，监测土壤温度的变化，探头所在土层分别为 5cm、10cm、15cm、20cm、30cm、40cm、50cm、70cm、90cm 和 110cm，观测频率为每小时 1 次，土壤监测点布置如图 2.1 所示。

2.2　冻融期土壤温度的变化规律及影响因素分析

图 2.2 为 2014—2015 年冻融期玉米田 M_2 和水稻田 P_2 不同土层温度随时间变化的趋势图，近似地认为，当土壤温度稳定处于 0℃ 以下时，土壤进入冻结状态，表 2.1 为不同土层进入冻结阶段（温度降到 0℃ 以下）和融化阶段（温度升到 0℃ 以上）的时间统计。由图 2.2 和表 2.1 可知，玉米田和水稻田 0～5cm 土壤温度在 11 月 14 日均已降到 0℃ 以下，玉米田 15cm 以上土层进入冻结期时间略提前于水稻田，这主要是因为刚进入冻结期时，地表积雪层较薄（图 2.3），玉米田和水稻田受大气温度影响程度相近，玉米田土壤初始含水率小于水稻田，土体容积热容量小，相同的负积温下，土壤温度降低更多；12 月 4 日之后，冻结深度达到 20cm（表 2.1），累积降水量相应地达到了 10mm，此后持续增加（图 2.3），降水以积雪的形式在地表累积，且玉米田温度探头设置点位于迎风坡的坡脚，玉米田为垄作，降雪后因风吹雪的原因相较于空旷地带的水稻田会形成更厚的积雪，较厚的雪层可以起到隔温层的作用，削弱大气温度对土壤温度的影响，因此玉米田 20～50cm 土壤温度下降速率和幅度逐渐滞后于水稻田，表层温度只有 −7.8℃，高于水稻田（−9.2℃）；玉米田深层土壤（大于

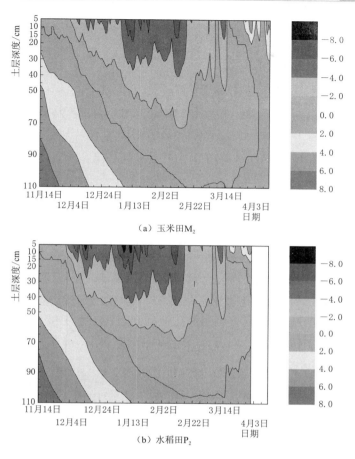

（a）玉米田M_2

（b）水稻田P_2

图 2.2　2014—2015 年冻融期不同土层温度变化

70cm）温度降低幅度更大，冻结锋面侵入的土层更深，超过了 110cm，而水稻田则只有 105cm 左右。

表 2.1　　　不同土层进入冻结阶段（温度降到 0℃以下）和融化阶段

（温度升到 0℃以上）的时间统计

冻融阶段	取样点	5cm	10cm	15cm	20cm	30cm	40cm	50cm	70cm	90cm	110cm
冻结阶段	玉米田	11月14日	11月14日	11月18日	12月4日	12月8日	12月10日	12月21日	12月31日	1月21日	2月17日
	水稻田	11月14日	11月15日	11月19日	12月3日	12月6日	12月9日	12月17日	1月9日	1月20日	——
融化阶段	玉米田	3月16日	3月17日	3月19日	3月22日	3月30日	4月1日	4月2日	4月5日	3月29日	2月28日
	水稻田	3月16日	3月16日	3月18日	3月30日	4月1日	——	——	——	3月19日	——

27

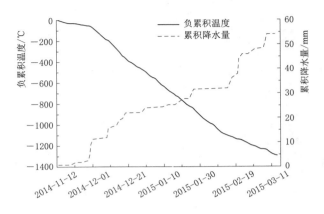

图 2.3　2014—2015 年冻结期负累积温度和累积降水量

　　玉米田和水稻田均在 2015 年 3 月 16 日进入融化期，由于玉米田表层有积雪，水稻田则很少，因此融化初期水稻田 0～15cm 土层融化速度略快于玉米田，待积雪融化后玉米田 20cm 以下土层融化速度则远快于水稻田；因水稻温度探头 4 月 3 日被损坏，未观测到水稻田 40～70cm 融化时间，因此无法对比这些土层二者融化速率。

　　以上结果表明，积雪在冻结期有保温作用，使得土壤温度偏高，这与边晴云等（2017）在黄河源区的研究结果一致，但融化期并未观测到边晴云等（2017）发现的"保凉"作用，这主要是因为一方面本书研究区域积雪厚度较薄，消融速度较快，另一方面是因为水稻田和玉米田土壤之间水分差异对温度的影响大于积雪的影响。此外，玉米田冻结锋面侵入深度较深也说明了深层土壤受地表温度影响较小，受初始含水率的影响更大。

　　表 2.2 为冻融期大气温度与不同土层温度之间采用线性拟合的决定系数和斜率统计表，表中玉米田表层土壤温度与大气温度之间线性拟合决定系数和斜率均小于水稻田，说明水稻田表层土壤温度与大气温度相关性更好，受大气温度影响更大，这主要是受积雪的影响，进一步验证了上述观点。

表 2.2　冻融期大气温度与不同土层温度之间线性拟合的决定系数和斜率统计

取样点	拟合参数	5cm	10cm	15cm	20cm	30cm
玉米田	R^2	0.66	0.60	0.53	0.42	0.28
	斜率	0.31	0.27	0.23	0.18	0.13
水稻田	R^2	0.74	0.68	0.53	0.45	0.30
	斜率	0.37	0.31	0.22	0.18	0.14

2.3　冻融期土壤水分迁移规律及影响因素分析

2.3.1　冻结期土壤含水率变化规律

　　图 2.4 为 2014—2015 年冻结期不同下垫面土壤含水率剖面及不同冻结阶段相对冻结前土壤剖面含水率变化量及变化幅度。由图 2.4 可知，在进入冻结期之前（11 月 11 日或 11 月 12 日），各取样点土壤含水率剖面有着显著的差异：其一，总体来说土壤含水率关系为坡上玉米田 M_1＜坡脚玉米田 M_2＜水稻田 P_2；其二，玉米田含水率剖面波动大，表层土壤含水率（0～40cm）呈现由小到大再减小的变化趋势，从 60cm 开始呈现逐渐增加的趋势，含水率最大的土层一般出现在 1.5m 以下的土层，而水稻田则出现在 0～10cm，且表层土壤含水率（0～40cm）呈现先减小再增加的趋势，60cm 以下土层含水率基本一致。以上规律主要由不同种植制度和灌溉制度引起，在研究区玉米田集中在坡地，不灌溉，水稻田直至 9 月下旬都维持灌溉水层存在（王喜华，2012；邹俏俏，2013；王鹏等，2013），因而玉米田土壤含水率整体小于水稻田；此外，玉米根系吸水集中在 0～50cm，且整个生育期存在着由浅变深，再由深变浅的规律（拔节期 0～20cm，开花期 20～50cm，成熟期 0～20cm）（牛春霞等，2016），加之表层土壤在收获后的蒸发作用，导致玉米田表层土壤含水率剖面变化较大，而水稻田由于其灌溉及淋洗作用，表层土壤含水率高，深层稳定。

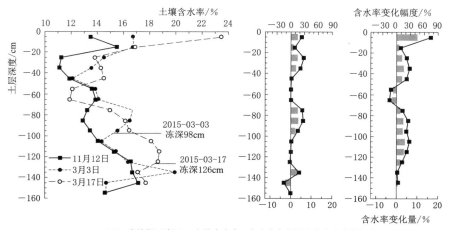

（a）冻结期玉米田 M_1 土壤含水率、含水率变化量和含水率变化幅度

图 2.4（一）　2014—2015 年冻结期玉米田 M_1、玉米田 M_2 和水稻田 P_2 土壤含水率剖面图及不同冻结阶段相对冻结前土壤剖面含水率变化量和变化幅度

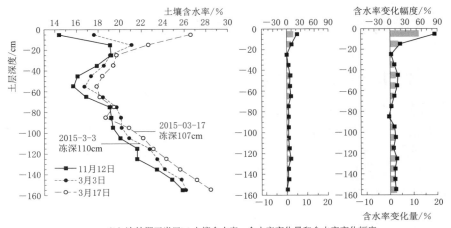

（b）冻结期玉米田M₂土壤含水率、含水率变化量和含水率变化幅度

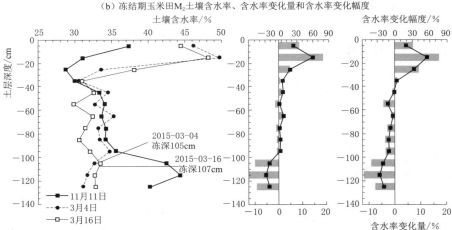

（c）冻结期水稻田P₂土壤含水率、含水率变化量和含水率变化幅度

图 2.4（二） 2014—2015 年冻结期玉米田 M_1、玉米田 M_2 和水稻田 P_2 土壤含水率剖面图及不同冻结阶段相对冻结前土壤剖面含水率变化量和变化幅度

　　3 月 3 日取样已接近冻结期后期，受温度梯度和积雪融化的影响，与 11 月 11 日土壤含水率剖面相比，水稻田水分增加主要集中在表层 30cm 土层，其中增幅最大的土层为 10～20cm，达到了 60％；玉米田除极少数土层外，几乎整个取样剖面含水率均呈上升趋势，其中 0～10cm 土壤含水率增幅最大，超过了 20％。3 月 17 日取样土壤含水率增加量与幅度与 3 月 3 日类似，只是随着冻结锋面的进一步下侵，使得土壤水分进一步向上迁移。这两次取样之间，有一次温升，导致地表部分积雪融化，使得玉米田 M_1 和玉米田 M_2 0～10cm 土层含水率分别增加了 40.14％和 51.01％，但是 10cm 以下土层含水率增幅较小，说明

冻土层很好地阻隔了水分的入渗。此外，无论是玉米田还是水稻田土壤，冻结前土壤含水率小、且相邻土层含水率大的土层在冻结过程中水分增加量更多，反之则小。

整体来看，3月3日取样玉米田 M_1、玉米田 M_2 和水稻田 P_2 冻土层含水率比冻结前平均增加量分别为 2.01％、1.17％ 和 1.98％，平均增加幅度分别为 15.82％、6.96％ 和 6.87％，3月17日取样有类似的关系，三个取样点含水率平均增量分别为 2.60％、2.46％ 和 0.88％，增加幅度分别为 16.69％、15.32％ 和 3.85％，即玉米田 M_1 冻结前土壤含水率最低，冻结后冻土层水分增加量和增加幅度却均最大，水稻田 P_2 冻结前土壤含水率最高，冻结后冻土层水分增加量幅度却最低，原因可能主要有三个：①由图 2.4（a）和图 2.4（b）可知，玉米田 M_1 3月3日冻深为 98cm，三年最低，说明其冻结速率最慢，延长了水分补给持续时间，使得土壤冻结后水分增加量更显著；②玉米田 M_1 表层土壤初始含水率最小，冻结后土壤内冰晶量相对较少，对土壤的入渗能力影响相对较小，因此可以吸收更多的降雨和融雪水；③玉米田 M_1 土壤含水率剖面之间差异更大，水势差异更大，因此对温度势引起的水势梯度有加强的作用，使得其表层以下土壤水分迁移速率和迁移量相对其他取样点更大。

2.3.2 冻土融化期土壤水分迁移规律及影响因素分析

图 2.5 为各取样点冻土融化期不同融化阶段土壤含水率剖面及不同融化阶段土壤剖面含水率变化量和变化幅度，图 2.6 为融化期不同阶段各下垫面土壤含水率均值及其差异系数统计。由图 2.5 可知，在融化初始阶段（3月17—27日），玉米田 0～10cm 水分急剧减少（28.14％～39.78％），水稻田的水分损失主要集中在 0～20cm（P_1）和 0～30cm（P_2），深层土壤含水率变化幅度较小，且多为减小趋势，损失的水分并未向下迁移，且各下垫面表层土壤（0～20cm）含水率变化量的变异系数较小（图 2.6），即影响因素比较单一。

2015 年 3 月 27 日至 4 月 7 日有 20.8mm 的降雨，占整个融化期降雨量的 86％。受降雨影响，大部分取样点冻土融化层含水率均有一定幅度的增加，该阶段 20～40cm 土层（表层冻土融化层所在区域）含水率变化量的变异系数较大；4 月 7—18 日，土壤含水率变化趋势与融化初期相似，但是随着土壤融化深度的增加，0～40cm 土层蒸发损失量均有一定程度的增加。

图 2.7 为不同下垫面融化期各时段土壤含水率均值及其变异系数统计。由图 2.7 可知，整个融化观测期各下垫面、各土层含水率基本上均呈下降趋势，且主要集中在表层 0～30cm。图 2.6 和图 2.7 中不同阶段各下垫面之间，以及各下垫面在不同阶段之间土壤含水率变化量差异较大的土层与这些阶段冻土层的上下边界有较好的重合性。

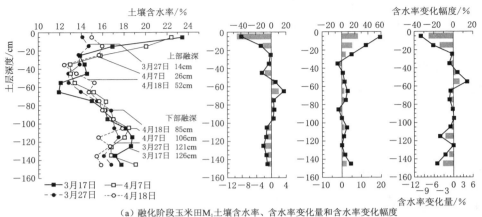

（a）融化阶段玉米田M₁土壤含水率、含水率变化量和含水率变化幅度

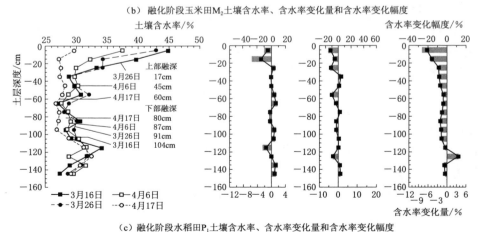

（b）融化阶段玉米田M₂土壤含水率、含水率变化量和含水率变化幅度

（c）融化阶段水稻田P₁土壤含水率、含水率变化量和含水率变化幅度

图 2.5（一）　2014—2015 年不同融化阶段玉米田 M_1、玉米田 M_2、水稻田 P_1、水稻田 P_2
土壤含水率剖面图及不同融化阶段土壤剖面含水率变化量和变化幅度

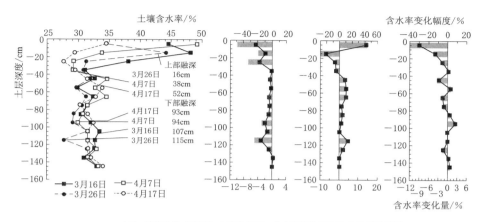

（d）融化阶段水稻田 P₂ 土壤含水率、含水率变化量和含水率变化幅度

图 2.5（二）　2014—2015 年不同融化阶段玉米田 M₁、玉米田 M₂、水稻田 P₁、水稻田 P₂
土壤含水率剖面图及不同融化阶段土壤剖面含水率变化量和变化幅度

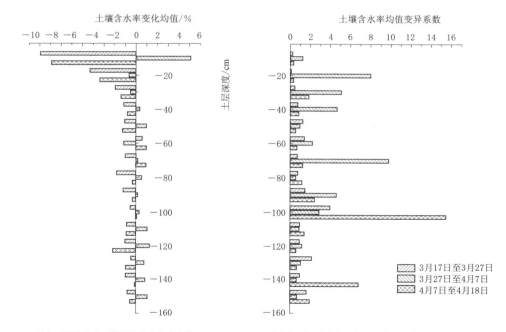

（a）融化不同阶段各下垫面土壤含水率均值　　　（b）融化期不同阶段各下垫面土壤含水率变异系数

图 2.6　融化期不同阶段各下垫面土壤含水率均值及其变异系数

33

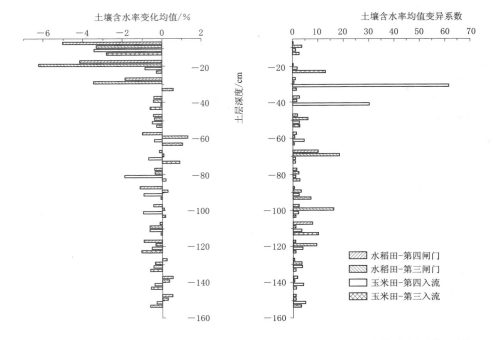

（a）不同下垫面融化期各时段土壤含水率均值　　　　　（b）不同下垫面融化期各时段土壤含水率变异系数

图 2.7　不同下垫面融化期各时段土壤含水率均值及其变异系数

根据以上分析可知，冻土融化初期土壤水分主要受蒸发和降雨入渗影响，而冻土层是决定表层土壤水分活跃区的主要因素，它可以抑制冻土层以下土壤的蒸发作用并减少降雨向冻土层以下土壤的入渗。

2.4　结论

本章选取受季节性冻融影响显著的东北农业区黑顶子河流域为研究对象，结合气象条件以及冻融期玉米田和水稻田土壤水分和温度观测数据，得到以下结论：

（1）冻融期土壤温度受地表积雪厚度和土壤含水率共同影响。冻结初期积雪较少，水稻田土壤含水率大，其冻结锋面迁移速率小于玉米田，随着降雪的增加，玉米田积雪更厚，水稻田冻结锋面迁移速率逐渐领先于玉米田；深层土壤温度主要受初始含水率的影响，玉米田深层土壤初始含水率更小，温度降低幅度更大，冻结锋面侵入的土层更深。

（2）土壤冻结期，农田土壤整个冻土层含水率几乎都呈上升趋势，但主要集中在表层，玉米田和水稻田 0～10cm 含水率增幅超过 20％，水稻田增幅最大的土层为 10～20cm，达 60％；冻结速度慢、初始含水量低、相邻土层含水量高的土层在冻结过程中土壤含水率增加量大，反之则小；冻土层可以有效地阻隔水分的入渗。

（3）冻土融化期，各下垫面、各土层土壤含水率基本呈下降趋势，且主要集中在表层 0～30cm，以蒸发为主，冻土对土壤蒸发有抑制作用；冻土层的融化是造成各下垫面之间不同土层土壤含水差异，以及各土层在不同融化阶段之间土壤含水率差异的主要原因。

本 章 参 考 文 献

王丽芹，齐玉春，董云社，等．冻融作用对陆地生态系统氮循环关键过程的影响效应及其机制 [J]．应用生态学报，2015，26（11）：3532－3544.

边晴云，吕世华，文莉娟，等．黄河源区不同降雪年土壤冻融过程及其水热分布对比分析 [J]．干旱区研究，2017，34（4）：906－911.

崔乐乐，赵英，易军，等．黑河中游农田荒漠过渡带土壤冻融过程中水热动态 [J]．水土保持通报，2014，34（6）：94－100.

杜琦．不同地表条件下土壤冻结、融化规律分析 [J]．地下水，2009，31（4）：27－29.

郭占荣，荆恩春，聂振龙，等．冻结期和冻融期土壤水分运移特征分析 [J]．水科学进展，2002，13（3）：298－302.

胡伟，张兴义，严月．不同土地利用方式下冻融期黑土水热过程观测研究 [J]．土壤与作物，2018，7（3）：312－323.

荆继红，韩双平，王新忠，等．冻结—冻融过程中水分运移机理 [J]．地球学报，2007，28（1）：50－54.

廖厚初，张滨，肖迪芳．寒区冻土水文特性及冻土对地下水补给的影响 [J]．黑龙江大学工程学报，2008，35（3）：123－126.

罗栋梁，金会军，吕兰芝，等．黄河源区多年冻土活动层和季节冻土冻融过程时空特征 [J]．科学通报，2014，59（14）：1327－1336.

牛春霞，杨金明，张波，等．天山北坡季节性积雪消融对浅层土壤水热变化影响研究 [J]．干旱区资源与环境，2016，30（11）：131－136.

孙志超．地下水排泄区潜水动态特征与水均衡研究 [D]．北京：中国地质大学（北京），2016.

王岚．融雪期季节性冻土冻融过程定量研究 [D]．乌鲁木齐：新疆大学，2015.

王鹏，宋献方，袁瑞强，等．基于氢氧稳定同位素的华北农田夏玉米耗水规律研究 [J]．自然资源学报，2013，28（3）：481－491.

王喜华．吉林省水稻节水灌溉与水分管理的技术与模式研究 [D]．长春：吉林大学，2012.

魏丹，陈晓飞，王铁良，等．不同积雪覆盖条件下土壤冻结状况及水分的迁移规律 [J]．安徽农业科学，2007，35（12）：3570－3572.

吴谋松，黄介生，谭霄，等．不同地下水补给条件下非饱和砂壤土冻结试验及模拟 [J]．水科学进展，2014，25（1）：60－68.

杨金凤，郑秀清，邢述彦．地表覆盖条件下冻融土壤水热动态变化规律研究 [J]．太原理工大学学报，2008（3）：303-306.

姚闯，吕世华，王婷，等. 黄河源区多、少雪年土壤冻融特征分析 [J]. 高原气象，2019，38（3）：474-483.

张辉. 冻融作用下黄土水分迁移及强度问题研究 [D]. 西安：西安建筑科技大学，2014.

邹俏俏. 辽宁省水稻灌溉制度分析 [J]. 东北水利水电，2013，31（5）：55-56.

BAYARD D，STÄHLI M，PARRIAUX A，et al. The influence of seasonally frozen soil on the snowmelt runoff at two Alpine sites in southern Switzerland [J]. Journal of Hydrology，2005，309（1）：66-84.

CHANG L，DAI C，LIAO H. Research Overview on Hydrological Effects of Frozen Soil [J]. Advanced Materials Research，2012，550-553：2459-2465.

CHEN S，OUYANG W，HAO F，et al. Combined impacts of freeze-thaw processes on paddy land and dry land in Northeast China [J]. Science of the total environment，2013，456：24-33.

EDWARDS A C，CRESSER M S. Freezing and its effect on chemical and biological properties of soil [J]. Advances in Soil Science，1992，18：59-79.

FOURIE W J，BARNES D L，SHUR Y. The formation of ice from the infiltration of water into a frozen coarse grained soil [J]. Cold Regions Science & Technology，2007，48（2）：118-128.

LUO L F，ROBOCK A，VINNIKOV K Y，et al. Effects of frozen soil on soil temperature，spring infiltration，and runoff：Results from the PILPS 2（d）experiment at Valdai，Russia [J]. Journal of Hydrometeorology，2003，4（2）：334-351.

ZHANG K，KIMBALL J S，KIM Y，et al. Changing freeze-thaw seasons in northern high latitudes and associated influences on evapotranspiration [J]. Hydrological Processes，2011，25（26SI）：4142-4151.

ZHAO L，GRAY D M，TOTH B. Influence of soil texture on snowmelt infiltration into frozen soils [J]. Revue Canadienne De La Science Du Sol，2002，82（1）：75-83.

第 3 章

冻融过程对土壤矿质氮转化的影响规律

本章以吉林省长春市黑顶子河流域为研究对象，于 2015—2016 年冻融期采用改进的树脂芯法开展了自然状态下表层土壤氮素原位培养试验，对流域中五种典型下垫面土壤在不同冻融阶段进行取样，检测其铵态氮和硝态氮含量，并结合试验数据研究自然状态下冻融过程对农业区表层土壤矿质氮有效性的影响，并分析了其主要影响因素。

3.1 季节性冻融区农业土壤矿质氮有效性变化规律原位试验

3.1.1 试验背景及目的

土壤矿质氮是作物吸收氮素的主要形式，包括铵态氮和硝态氮，通常作为土壤供氮能力和氮素有效性的主要判定指标（仝利朋等，2019；陈哲等，2016）。

在寒冷地区冻融过程是土壤氮素转化的关键驱动力，它通过改变土壤的物理结构和生物学性状来影响土壤中矿质氮含量（王丽芹等，2015；陈哲等，2016；吕欣欣等，2016）。李源（2015）、Henry（2007）和 Deluca 等（1992）研究表明，冻融作用能够降低土壤团聚体的稳定性，将大团聚体破碎成小团聚体，使原先固定在土壤胶体中不可利用的 $NH_4^+ - N$ 裸露出来。张迪龙等（2015）、谢青琰等（2015）以及 Teepe 等（2001）对不同区域土壤的冻融试验结果均表明，土壤铵态氮含量随着冻融频次、温差和含水率的增加而增加。Müller 等（2003）利用 ^{15}N 同位素示踪技术对草地硝化作用进行研究，发现土壤融化阶段硝化速率仅为 $0.1\mu gN \cdot (gd)^{-1}$，而融化后则达到了 $11.4\mu gN \cdot (gd)^{-1}$，李源等（2014）的研究得到了类似的结论。Yanai 等（2007）和 Masuko 等（1985）的研究结果表明，冻融作用降低了反硝化细菌的数量，但反硝化细菌亚硝酸盐还原酶活性增加了 2.5～4.5 倍。此外，冻融作用一方面可以通过冻结使得植物细根大量死亡，减少植物对氮素的摄取量，另一方面可以将死亡的根系分解为土壤提供氮素，来影响土壤氮素的循环（Cleavitt et al.，2008；Tierney et al.，2001）。

目前，针对冻融作用对土壤矿质氮有效性的研究仍存在以下不足：①冻融循环对土壤氮素转化的试验多在室内采用均质土及固定的冻融温度、频率开展，其试验条件与自然状态下的实际情况偏差较大；②试验多关注冻结温度、冻融循环次数，而对水分这一在冻融过程中会对土壤结构、通气性具有显著影响的因素鲜有关注；③研究区域多集中在高寒地区的森林、苔原、草地等受人为干扰较小的自然生态系统冻土，这些区域的微生物群落、氮素来源于低纬度、低海拔，且受施肥、灌溉、耕作等影响的农业区有着显著的区别，所得规律并不完全适用于受冻融影响的农业区。

由于春季融雪产流过程不同阶段河道中矿质氮浓度变化较大，玉米田、水稻田和滨水河岸区域是流域矿质氮主要来源，且不同下垫面对不同形态氮素贡献量有着显著差异（Zhao et al.，2017；赵强等，2015）。因此，本书在 2015—2016 年冻融期采用改进的树脂芯法在黑顶子河流域不同下垫面土壤中开展原位培养试验，研究自然状态下冻融过程对农业区表层土壤矿质氮有效性的影响，并分析了其主要影响因素。本书对于解释季节性冻融农业区氮素循环过程，指导该区域农业生产有着重要意义。

3.1.2　研究方法

采用改进的树脂芯法分别在黑顶子河流域选取林地、玉米田、水稻田、玉米田边河岸、水稻田边河岸五种典型下垫面开展土壤氮素的原位培养试验。由于在冻土区取样困难，且试验区典型作物玉米和水稻根系主要集中在 20cm 以内土层（刘蕾，2016；张玉，2014），因此选取表层 20cm 土壤作为研究对象。试验装置如图 3.1 所示。

Distefano 等（1986）提出，可以采取先用 PVC 管取土，再将盛有交换树脂的尼龙网袋放在 PVC 管两端，然后埋入土中的原位培养方法，称之为树脂芯法（resin - core method）。该方法的优点是可以阻止水中或者土壤中的其他离子进入 PVC 管，又能保证管中的离子不会淋失，且可以保持管内外相似的土壤水分含量和土壤呼吸。

本书采用直径 3cm、长 30cm 的 PVC 管作为培养皿。在冻融区，一方面由于温度梯度的存在，土壤水分会向上运移，另一方面在融化初期大量积雪的融化会造成地表积水，为了减少培养皿底部土壤水分运移的影响以及避免

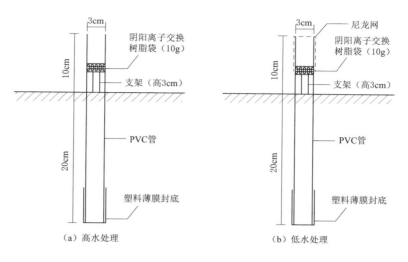

图 3.1　表层土壤氮素原位培养试验装置

因融雪积水导致的土壤、融雪水、交换树脂接触，因此在土壤冻结前，首先将 PVC 管打入土中 20cm，然后重新取出，在底部缠绕塑料薄膜后重新埋入土中，在顶端放入一个 3cm 的塑料支架后再塞进交换树脂［图 3.1（a）］。此外，为了营造不同的土壤含水率环境，检验不同土壤含水率对氮素转化的影响，还设置了一些对比试验装置，如图 3.1（b）所示，在实验装置的顶端用尼龙网包裹，这样可以减少飘入管内的降雪，从而减小融化期土壤含水率。

原位培养试验于 2015—2016 年冻融期开展，试验装置于 2015 年 10 月 26 日埋入 5 种下垫面土中，每个下垫面埋入 6 组图 3.1（a）所示装置，在林地和玉米田还另外埋入 1 组图 3.1（b）所示装置，每组 3 个重复。装置图 3.1（a）分别于 2015 年 10 月 26 日（冻结前）、2016 年 3 月 3 日（融雪前）、2016 年 3 月 13日（融雪初期）、2016 年 3 月 18 日（显著融雪期、冻土融化初期）、2016 年 3 月 23 日（融雪后期、冻土显著融化期）、2016 年 3 月 28 日（冻土融化后期）进行了 6 次取样，每次取一组；装置图 3.1（b）取样日期为 2016 年 3 月 24 日，与装置图 3.1（a）3 月 23 日所取样品对比分析。

所取土样用自封袋密封，用保温箱冷藏，在最短的时间内运回实验室，一部分土壤用烘干法（105℃烘 8h）测土壤含水率，另一部分土壤按照 1∶5 的比例加入氯化钾溶液（2mol/L）浸提，每个样品做 3 个重复，所得浸提液采用 CleverChem 200 全自动流速分析仪测定硝态氮和铵态氮含量。

3.2 冻融期表层土壤水分变化规律分析

图 3.2 和图 3.3 为冻融期流域不同阶段和不同下垫面表层土壤含水率统计图，其中 2016 年 3 月 23 日和 2016 年 3 月 24 日取样是人为营造的不同土壤水分

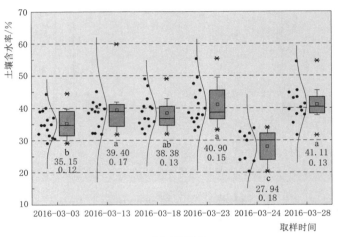

（a）不同阶段

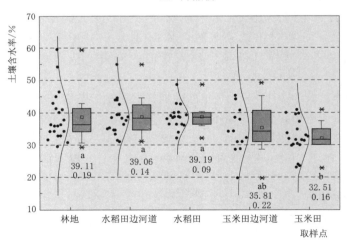

（b）不同下垫面

图 3.2 冻融期流域表层土壤含水率统计图

（图中点为各处理实测值，箱状图上下星号为数据点最大值和最小值，箱状图分别代表
有效数据的上限、上四分位数、中位数、下四分位数和下限，空心方框代表均值，
第一排数字表示均值的具体数值，a、b、c、d 表示各试验处理间在 5% 显著性
水平的差异显著程度，第二排数字表示各试验处理自身的差异系数）

含量的对照处理。由图 3.2（a）和图 3.3 可知，经过尼龙网覆盖处理的原位培养皿内（2016 年 3 月 24 日）土壤含水率显著小于正常情况下土壤含水率（2016年 3 月 23 日）。整体来看流域表层土壤含水率积雪融化前（2016 年 3 月 3 日）在 5％的显著性水平下显著小于融化后（2016 年 3 月 13 日至 2016 年 3 月 28日），其他阶段之间无显著差异［图 3.2（a）］，说明积雪融化显著改变了地表土壤含水率，但是由于培养皿边壁及内部离子交换树脂的遮挡，有效地减小了蒸发及降水的影响，使得整个融化期土壤含水率并未发生显著变化；此外，积雪显著融化前各下垫面之间土壤含水率差异系数最小（0.12），积雪融化后各下垫面之间含水率差异相对较大（0.17），这是由于地形地势的不同，流域内积雪分布不同导致的。

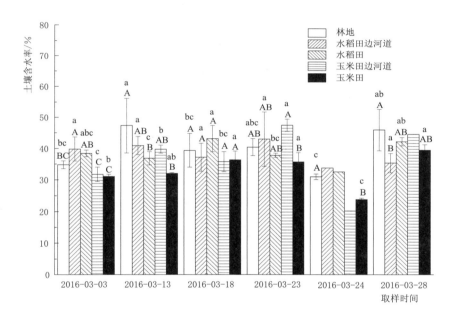

图 3.3　不同下垫面及不同阶段表层土壤含水率统计图
（A、B、C、D 表示各取样时间不同下垫面在 5％显著性水平的差异显著程度，a、b、c、d 表示
各下垫面在不同取样时间之间在 5％显著性水平的差异显著程度，下同）

3.3　冻融期表层土壤铵态氮变化规律分析

图 3.4 和图 3.5 为冻融期流域不同阶段和不同下垫面表层土壤浸提液中铵态氮含量统计图。由图 3.4（a）和图 3.5 可知：冻结后土壤铵态氮含量相比于冻结前增加了 1.7 倍，融化期各阶段之间土壤铵态氮含量无显著差异，与大多数

室内模拟试验的结果一致（谢青琰等，2015；张迪龙等，2015；Teepe et al.，2001），其主要原因可能是：一方面，冻结过程中极低的温度杀死了一部分微生物，造成其细胞破裂释放出一部分铵态氮；另一方面，冻融改变了土壤物理性状，引起晶格开放，释放出固定的铵态氮以及之前不可利用的土壤胶体中的铵态氮（Deluca et al，1992；李源，2015；Teepe et al.，2001）。

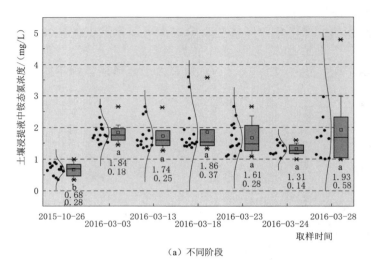

（a）不同阶段

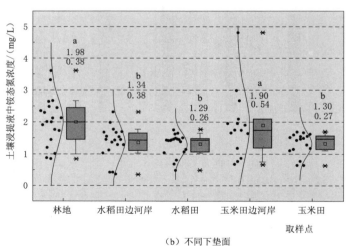

（b）不同下垫面

图 3.4　冻融期流域表层土壤浸提液铵态氮浓度统计图

结合图 3.2（a）和图 3.4（a）3 月 23—24 日的结果可知，土壤含水率的增加有助于冻融过程中土壤铵态氮的增加，但不显著。这和谢青琰、李源等的研究结果一致，其主要原因是：一方面，土壤含水率越高，冻结过程中水分成冰

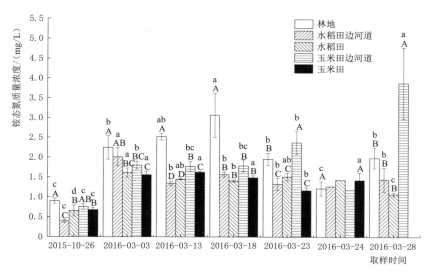

图 3.5　不同下垫面及不同阶段土壤浸提液铵态氮含量统计

后对土壤团聚体的作用力就越强，对团聚体的破坏就越严重，释放出来的铵态氮就越多；另一方面，土壤冻结时，冻土层的存在以及土壤颗粒表面冻结后形成的冰膜，均会使土壤颗粒形成封闭的缺氧环境，抑制硝化作用，有利于铵态氮的累积（李源，2015；谢青琰等，2015；Teepe et al.，2001）。

　　此外，由图 3.4（a）可知，土壤冻结过程使流域各下垫面表层土壤中铵态氮含量之间的差异系数减小了 36%（0.28~0.18），而积雪和冻土的融化过程则使其差异系数分别增加了 39% 和 30%（0.18~0.25，有 0.37~0.58），以上试验结果说明土壤的冻结和土壤含水率的减小，均可以减小各下垫面土壤铵态氮含量之间的差异；其主要原因是土壤冻结过程使得各下垫面之间土壤环境（土壤结构、液态水含水率、通气性、微生物活性等）差异变小，但是由于不同下垫面微生物种群有一定区别，土壤中有机质含量、地表积雪量差异均较大，冻土融化后微生物迅速生长，积雪融化，各下垫面微生物量、土壤含水率等影响土壤铵态氮含量的因素之间差异迅速增大，从而使得融化期各下垫面之间铵态氮浓度差异越来越大。

3.4　冻融期表层土壤硝态氮变化规律分析

　　图 3.6 和图 3.7 为冻融期流域不同阶段和不同下垫面表层土壤浸提液硝态氮含量统计图。由图 3.6（a）和图 3.7 可知，冻融过程（2015 年 10 月 26 日至2016 年 3 月 3 日）显著减少了水稻田边河岸、水稻田和玉米田边河岸土壤中硝

态氮的含量，而玉米田则显著增加；整体来看冻结后流域土壤硝态氮含量减小了 19%，但是不显著；融雪产流初期（3 月 13 日）土壤中硝态氮含量进一步减小，并在冻土融化初期（显著融雪期）迅速恢复到冻结前的水平，在进入融雪后期（冻土显著融化期）后不再发生显著变化。此外，土壤含水率减小使得土壤硝态氮的含量略有增加但并不显著（3 月 23—24 日）。

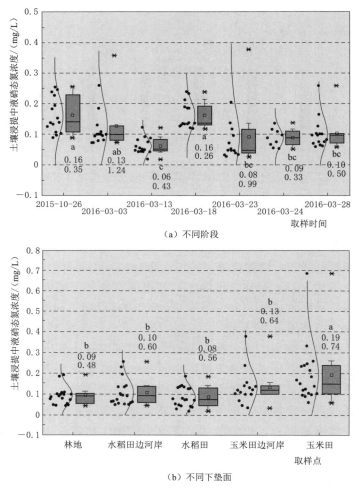

（a）不同阶段

（b）不同下垫面

图 3.6　冻融期流域表层土壤浸提液硝态氮浓度统计图

造成以上现象的原因是融雪产流初期（3 月 3—13 日），积雪融化导致土壤含水率增加了 4.25%［图 3.2 (a)］，日平均温度仍小于 0℃，且经历了 5 个冻融循环，冻土仍未融化，封闭的缺氧环境使反硝化作用强烈，硝化细菌对外界环境尤其是温度极为敏感，且其恢复速度缓慢，导致硝化反应较弱，进而使得 3

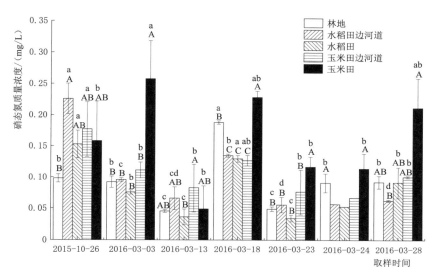

图 3.7　不同下垫面及不同阶段土壤浸提液硝态氮含量统计图

（A、B、C、D 表示组内 5% 显著水平，a、b、c、d 表示组间 5% 显著水平，下同）

月 13 日土壤硝态氮含量显著小于其他阶段。而进入融化期以后（3 月 18 日），日最低气温升到 0℃ 以上，冻土融化，土壤通气性变好，硝化细菌逐渐恢复，可供硝化的土壤铵态氮含量较高 ［图 3.4（a）］，土壤中硝化作用加剧，硝态氮含量迅速升高。由于 3 月 18—23 日期间又有一次降温过程，日平均气温降到 0℃ 以下，使土壤经历了 4 次冻融循环，但冻结温度较低，因而相比 3 月 18 日，土壤硝态氮含量又有显著的减小。

土壤冻结过程使各下垫面土壤中硝态氮含量差异系数增加了 2.5 倍，冻土融化初期积雪及冻土融化过程使各下垫面间土壤硝态氮含量差异系数分别减小了 65% 和 40%，但大部分阶段硝态氮差异系数要大于铵态氮 ［图 3.4（a）］，主要是因为硝化过程对冻融作用更敏感，且硝态氮受硝化、反硝化、淋溶等多种物理、化学作用的影响，且铵态氮是硝化作用氮素的来源，因此冻融作用对铵态氮造成的差异会进一步显现在对硝态氮造成的差异上。

3.5　冻融期表层土壤无机氮变化规律分析

图 3.8 和图 3.9 为冻融期流域不同阶段和不同下垫面表层土壤浸提液矿质氮含量统计图。由于土壤浸提液中铵态氮浓度远大于硝态氮浓度，因此图 3.8 和图 3.9 规律基本一致，即 2016 年 3 月 3 日土壤矿质氮含量显著大于 2015 年 10 月 26 日，冻融过程显著增加了土壤的矿化速率，该结论与李源（2015）的研究

结论一致，即长期自然状态下的冻融会增加土壤的矿化速率。此外土壤含水率的增加（3月23日与3月24日取样比较）增大了土壤矿化速率，但是在5％显著性水平上并不显著。

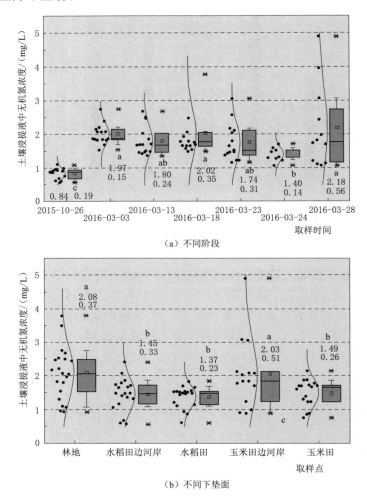

图 3.8　冻融期流域表层土壤浸提液矿质氮浓度统计图

表 3.1 为不同阶段土壤浸提液中铵态氮和硝态氮占矿质氮的比例统计表。由表 3.1 可知，土壤中铵态氮是矿质氮的主要组成部分，土壤冻结前其所占比例为 80.66％，由 3.3 节和 3.4 节的分析可知，土壤冻结过程显著地增加了土壤铵态氮含量并减小了硝态氮含量，因而使得冻土融化期铵态氮在矿质氮中的比例增加到了 90％以上。由于土壤是带负电荷的胶体，铵态氮带正电荷更易于附着在土壤中，硝态氮带负电荷更容易淋失（Jackson et al.，2012；MacDonald et

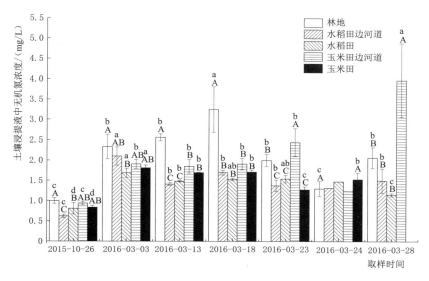

图 3.9　不同下垫面及不同阶段土壤浸提液矿质氮含量统计图

（A、B、C、D 表示组内 5％显著水平；a、b、c、d 表示组间 5％显著水平）

al.，2002)，因此该作用有利于减少融雪产流初期土壤中矿质氮的流失，增加土壤中矿质氮的有效性。

表 3.1　　不同阶段土壤浸提液中铵态氮和硝态氮占矿质氮的比例统计

组　分	比　例/％						
	2015 - 10 - 26	2016 - 03 - 03	2016 - 03 - 13	2016 - 03 - 18	2016 - 03 - 23	2016 - 03 - 24	2016 - 03 - 28
$NH_4^+ - N$	80.66	92.24	96.78	91.91	95.04	93.70	94.85
$NO_3^- - N$	19.34	7.76	3.22	8.09	4.96	6.30	5.15

　　本章通过对季节性冻融农业区表层土壤的原位培养试验，探究了冻融过程对表层土壤矿质氮有效性的影响。研究表明，冻结过程使各下垫面表层土壤中铵态氮含量增加了 1.7 倍，硝态氮含量减少了 19％，进而增加了土壤矿质氮含量及铵态氮所占比例，同时使各下垫面之间土壤铵态氮含量差异系数减小 36％，硝态氮含量差异系数增加了 2.5 倍；在冻土的融化过程中，土壤铵态氮含量无显著变化，硝态氮含量显著增加后趋于稳定；冻土融化初期，积雪和冻土融化过程使各下垫面土壤之间铵态氮含量差异系数分别增加了 39％和 30％，使硝态氮含量差异系数分别减小了 65％和 40％，但大部分阶段硝态氮差异系数大于铵态氮；积雪融化显著增加了土壤含水率，土壤含水率的增加会促进土壤中铵态氮的生成，减少硝态氮的生成，但作用均不显著。

3.6　结论

本章通过对季节性冻融农业区表层土壤的原位培养试验，探究了冻融过程对表层土壤矿质氮转化规律的影响。研究结果表明：

（1）冻结过程使各下垫面表层土壤中铵态氮含量增加了 170％，硝态氮含量无显著变化，进而增加了土壤矿质氮含量及铵态氮所占比例，同时使各下垫面之间土壤铵态氮含量变异系数减小 36％，硝态氮含量变异系数增加了 250％。

（2）在冻土的融化过程中，土壤铵态氮含量无显著变化，硝态氮含量显著增加后趋于稳定。冻土融化初期，积雪融化与冻土融化的叠加过程使各下垫面土壤之间铵态氮含量变异系数分别增加了 39％和 48％，使硝态氮含量变异系数分别减小了 65％和 40％，但大部分阶段硝态氮变异系数大于铵态氮。

（3）积雪融化显著增加了土壤含水率，但土壤含水率的增加对土壤中铵态氮和硝态氮变化均无显著影响。

本　章　参　考　文　献

陈哲，杨世琦，张晴雯，等. 冻融对土壤氮素损失及有效性的影响 [J]. 生态学报，2016，36（4）：1083 – 1094.

李源. 东北黑土氮素转化和酶活性对水热条件变化的响应 [D]. 长春：东北师范大学，2015.

李源，祝惠，袁星. 冻融交替对黑土氮素转化及酶活性的影响 [J]. 土壤学报，2014（5）：1103 – 1109.

刘蕾. 中国玉米根系生物量及空间分布特征 [D]. 北京：中国农业大学，2016.

吕欣欣，孙海岩，汪景宽，等. 冻融交替对土壤氮素转化及相关微生物学特性的影响 [J]. 土壤通报，2016（5）：1265 – 1272.

仝利朋，赵京考，吴德亮. 不同氮源对土壤无机氮、玉米产量和氮利用效率的影响 [J]. 中国农业科技导报，2019，21（6）：101 – 109.

王丽芹，齐玉春，董云社，等. 冻融作用对陆地生态系统氮循环关键过程的影响效应及其机制 [J]. 应用生态学报，2015（11）：3532 – 3544.

谢青琰，高永恒. 冻融对青藏高原高寒草甸土壤碳氮磷有效性的影响 [J]. 水土保持学报，2015（1）：137 – 142.

张迪龙，张海涛，韩旭，等. 冻融循环作用对不同深度土壤各形态氮磷释放的影响 [J]. 节水灌溉，2015（1）：36 – 42.

张玉. 玉米和水稻根系的空间分布特性及栽培调控研究 [D]. 南宁：广西大学，2014.

赵强，王康，黄介生，等. 季节性冻土融化期小流域尺度面源污染物迁移规律 [J]. 农业工程学报，2015，31（1）：139 – 145.

周旺明，王金达，刘景双，等. 冻融对湿地土壤可溶性碳、氮和氮矿化的影响 [J]. 生态与农村环境学报，2008（3）：1 – 6.

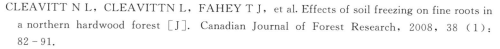

CLEAVITT N L，CLEAVITTN L，FAHEY T J，et al. Effects of soil freezing on fine roots in a northern hardwood forest [J]. Canadian Journal of Forest Research，2008，38 (1)：82 - 91.

DELUCA T H，KEENEY D R，MCCARTY G W. Effect of freeze - thaw events on mineralization of soil nitrogen [J]. Biology & Fertility of Soils，1992，14 (2)：116 - 120.

DISTEFANO J F，GHOLZ H L. A proposed use of ion exchange resins to measure nitrogen mineralization and nitrification in intact soil cores [J]. Communications in Soil Science and Plant Analysis，1986，17 (9)：989 - 998.

HENRY H A L. Soil freeze - thaw cycle experiments：Trends，methodological weaknesses and suggested improvements [J]. Soil Biology & Biochemistry，2007，39 (5)：977 - 986.

HERRMANN A，WITTER E. Sources of C and N Contributing to the Flush in Mineralization upon Freeze - Thaw Cycles in Soils [J]. Soil Biology & Biochemistry，2002，34 (10)：1495 - 1505.

JACKSON B L，HELLIWELL R C，BRITTON A J，et al. Controls on soil solution nitrogen along an altitudinal gradient in the Scottish uplands [J]. Science of the Total Environment，2012，431 (5)：100 - 108.

MACDONALD J A，DISE N B，MATZNER E，et al. Nitrogen input together with ecosystem nitrogen enrichment predict nitrate leaching from European forests [J]. Global change biology，2002，8 (10)：1028 - 1033.

MASUKO M，IWASAKI H，SAKURAI T，et al. Effects of freezing on purified nitrite reductase from a denitrifier，Alcaligenes sp [J]. NCIB 11015. Journal of Biochemistry，1985，98 (5)：1285 - 1291.

MÜLLER C，KAMMANN C，OTTOW J C G，et al. Nitrous oxide emission from frozen grassland soil and during thawing periods [J]. Journal of Plant Nutrition & Soil Science，2003，166 (1)：46 - 53.

OZTAS T，FAYETORBAY F. Effect of freezing and thawing processes on soil aggregate stability [J]. Catena，2003，52 (1)：1 - 8.

TEEPE R，BRUMME R，BEESE F. Nitrous oxide emissions from soil during freezing and thawing periods [J]. Soil Biology & Biochemistry，2001，33 (9)：1269 - 1275.

TIERNEY G L，FAHEY T J，GROFFMAN P M，et al. Soil freezing alters fine root dynamics in a northern hardwood forest [J]. Biogeochemistry，2001，56 (2)：175 - 190.

YANAI Y，TOYOTA K，OKAZAKI M. Response of denitrifying communities to successive soil freeze - thaw cycles [J]. Biology & Fertility of Soils，2007，44 (1)：113 - 119.

ZHAO Q，CHANG D，WANG K，et al. Patterns of nitrogen export from a seasonal freezing agricultural watershed during the thawing period [J]. Science of the Total Environment，2017，599 - 600：442 - 450.

第 4 章

温度和降水对冻土融化期流域
产流过程的影响

本章结合 2014—2016 年融雪产流期对吉林省长春市双阳区黑顶子河流域的融雪产流观测资料和三年的气象数据，通过统计分析的方法，研究了冻融期温度和降水在时间和量上的变化对融雪产流期融雪产流过程的综合影响。

4.1 流域融雪产流观测试验

4.1.1 试验背景及目的

气候变化是 21 世纪与环境退化相关的最重要的问题。自工业化以来，全球气温上升 0.8~1.2℃（IPCC，2018）。此外，据预测北半球中纬度地区的冬季降水量会不断增加（Räisänen 和 Eklund，2012；Rasouli et al.，2015）。温度和降水的变化严重影响了季节性降雪流域的水源形态、位置以及产流过程，这对于水资源管理、水力发电、农业生产和环境影响评估具有重要意义（Prasad 和 Roy 2005；Su et al.，2011；Fang et al.，2013；Zhao et al.，2017；Deng et al.，2019）。

温暖的气候会降低降雪量占总降水量的比例（Irannezhad et al.，2017），并增加蒸发和冬季融雪事件发生的可能性（Dou et al.，2021），导致积雪范围、积雪持续时间和积雪储水量的减少，从而影响春季融雪产流过程（Aygün et al.，2020）。此外，由于积雪具有保温的特性，它在冬季会在很大程度上影响土壤温度。温度和降水的变化可以通过影响土壤冻结过程来影响土壤中水分的迁移，土壤的蒸发（Li et al.，2013；Nandintsetseg 和 Shinoda，2014；Zhang et al.，2019），以及融雪水或雨水向冻土的入渗（Corte，1962；Bayard et al.，2005；Ireson et al.，2013；Appels et al.，2018；Ploum et al.，2019），进而来改变融雪发生前表层土壤或地面以上的水分储存形态及位置（Ireson et al.，2013；

Bing et al.，2015）。在融化期，温度和降水变化通过改变冰雪和冻土融化过程来影响水文过程。这是因为冰雪融化速度影响供水速度，冻土融化深度显著影响流径、入渗和地下水位变化（Wright et al.，2008；Koch et al.，2013；Koch et al.，2014）。

以往关于温度和降水对寒区水文过程影响的研究大多集中在冰冻期（冬春）和暖期（夏秋）水文过程的差异上（Lamoureux 和 Lafrenière，2018；Shen et al.，2018；Ploum et al.，2019），或单一事件（秋季降雨、降雨引发的积雪或气温上升）引起的变化，或通过融雪模型预测融雪径流对温度或未来降水变化的响应（Suzuki et al.，2006；Musselman et al.，2017；Dou et al.，2021）。很少对温度变化的影响、秋季降水及其分布、积雪和消融、冻土的冻融及其对水文过程的综合影响等进行全面研究。此外，大多数研究都集中在具有自然下垫面条件的流域，例如森林流域和极地高山地区（Liu 和 Wang，2012；Rasouli et al.，2015；Shen et al.，2018；Lamoureux 和 Lafrenière，2018；Ploum et al.，2019）。然而对融化期的水分来源和产流路径与自然下垫面有着显著不同的农业活动密集的流域，却很少关注。

因此，本章旨在研究温度变化，秋季、冻结期和融化期的降雨/降雪量，以及所有这些因素的时间变化对季节性冻融农业流域融化期产流的影响。

4.1.2　试验方法

研究区域为黑顶子河流域，是吉林省腹地松花江的三级支流。流域面积为 75.25km²（东经 125°34′27″～125°42′22″，北纬 43°22′48″～43°29′37″），属温带大陆性湿润气候。年平均气温和降水量分别为 4.8℃ 和 624.7mm。冻结期（11月中旬至3月上旬）的平均气温和降水量分别为 −10.5℃ 和 31.8mm，而融化期（3月上旬至4月底）的平均气温和降水量分别为 5.2℃ 和 40.7mm。主要土地利用包括玉米田（69.1%），其他土地利用类型为森林（14.0%）、农村（12.5%）和水田（4.4%）（图4.1）。

根据流域 30m 精度的数字高程图（DEM），将流域划分为 13 个汇流区（DR，drainage region）。这些 DR 分

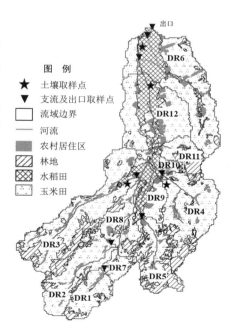

图 4.1　研究流域土地利用类型、汇流区划分以及产流/土壤信息监测点位图

为三种类型。DR Ⅰ 以玉米田为主，包括 DR1、DR2、DR3、DR4、DR5、DR7、DR8、DR11、DR13（图 4.1），径流直接流入支流。DR Ⅱ（DR6、DR9、DR10、DR12）的特点是河岸有稻田，地势较陡峭的地方是玉米田；因此，玉米田的径流总是受到稻田排水系统的影响，不允许直接流入河流。DR Ⅲ 是黑顶子河干流的河岸地区，主要是农村地区。

在 2014—2016 年的解冻期间，每天测量流域出水口和典型 DR，即 DR1、DR2、DR3、DR4 和 DR5（DR Ⅰ）和 DR6（DR Ⅱ）的流量。在土壤冻结前及冻融过程中采集玉米和稻田的土壤样品，通过烘箱干燥法测量土壤水分，并记录冻结深度。

DR Ⅰ、DR Ⅱ 和 DR Ⅲ 流量和 DR Ⅱ 中水田在径流产生前的洼地蓄水量，为

$$Q_{DR}^t = \frac{\sum_{i=1}^{n} Q_i^t}{\sum_{i=1}^{n} A_{TDRi}} \sum_{j=1}^{m} A_j \quad (DR = Ⅰ, Ⅱ) \tag{4.1}$$

$$Q_Ⅲ^t = Q_o^t - Q_Ⅰ^t - Q_Ⅱ^t \tag{4.2}$$

$$D_{Ⅱ paddy} = \sum_{t=1}^{k} \left(\frac{\sum_{i=1}^{5} Q_i^t}{\sum_{i=1}^{5} A_{TDRi}} (A_6 - A_{paddy}) \right) \div A_{paddy} \tag{4.3}$$

式中：（DR = Ⅰ，Ⅱ）为 DR Ⅰ 或 DR Ⅱ 的产流量；$D_{Ⅱ paddy}$ 为径流产生前 DR Ⅱ 中稻田的洼地蓄水量；Q_i^t 和 A_{TDRi} 为典型 DR（DR1、DR2、DR3、DR4、DR5 和 DR6）的流量和面积；A_j 为 DR Ⅰ 或 DR Ⅱ 的面积（包括典型的 DR）；A_6 为 DR6 的面积；A_{paddy} 为 DR6 集中的低洼水田面积；Q_o^t 为流域出口处的产流量；$Q_Ⅲ^t$ 为 DR Ⅲ 的产流量；n 为 DR Ⅰ 或 DR Ⅱ 的典型 DR 数；m 为 DR Ⅰ 或 DR Ⅱ 的 DR 编号；k 表示 DR6 中产生水之前的天数。

4.2　黑顶子流域冻融期气象特征

4.2.1　冻结期温度和降水变化

研究区 2013—2016 年冻结期平均温度和降水量统计见表 4.1，冻结期累积温度和累积降水量如图 4.2 所示。2013—2014 年非稳定冻结期和稳定冻结期平均温度最低。冻结期（分别为 −1.2℃ 和 −12.1℃），其次是 2014—2015 年（分别为 1.0℃ 和 −11.8℃）和 2015—2016 年（分别为 4.3℃ 和 −10.7℃）。

表 4.1　　　　　　　　　　　　冻结期平均温度和降水量统计

年　份	平均温度/℃		降水量/mm	
	非稳定冻结期	稳定冻结期	冻结前三十天*	稳定冻结期
2013—2014	−1.2	−12.1	35.7	50.7
2014—2015	1.0	−11.8	11.9	54.1
2015—2016	4.3	−10.7	10.1	25.4

注　*为冻结前30d降水量用来表征秋季降水量的多少。

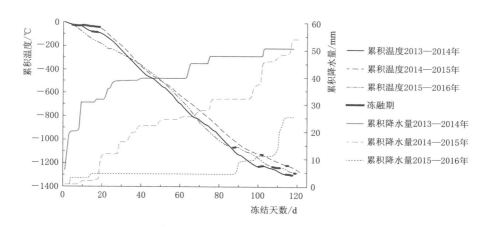

图 4.2　冻结期累积温度和累积降水量

2013—2014 年和 2014—2015 年冻结期降水量分别为 50.7mm 和 54.1mm，约为 2015—2016 年的两倍。但在 2013—2014 年冻结期，60.4% 和 75.9% 的降水分别发生在稳定冻结期的前 10d 和 30d，因此，降水量明显高于 2014—2015 年（3.5% 和 29.99%）和 2015—2016 年（分别为 12.2% 和 18.1%）。

图 4.2 和表 4.2 显示了 9 个明显的可能导致融雪的温升事件（$T_{\max} \geqslant 3℃$，持续天数不少于 2d）。大多数温升事件的平均和最高温度分别低于 5℃ 和 10℃，除了 2014 年 2 月 24—27 日和 2014 年 11 月 15—30 日期间的事件。相应的累积降水量在 2013—2014 年温升事件期间最高（20mm、30.6mm、47.8mm 和 50.5mm），在 2015—2016 年温升事件期间最低（4.6mm 和 11.1mm）。

4.2.2　融化期温度和降雨变化

本书将融化期分为融雪初期（Ⅰ）、融雪后期（Ⅱ）、降雨＋融雪期（Ⅲ）和融化后期（Ⅳ）来分析水文和气象的变化特征（Zhao et al.，2017）。

表 4.2 冻融循环发生的时间以及对应的最高、最低和平均温度

冻融期	日　　期	冻结后天数/d	累积降水量/mm	持续时间/d	平均温度/℃	最高温度/℃	最低温度/℃
2013—2014 年	2013 年 11 月 21—22 日	6～7	20.0	2	−3.4～−1.3	3.6～3.9	−9.1～−3.9
	2013 年 12 月 1—4 日	15～18	30.6	4	−5.2～0.1	0.1～3.3	−11.4～−5.2
	2014 年 2 月 24—27 日	100～103	47.8	4	−4.7～5.8	3.3～10.4	−12～0.3
	2014 年 3 月 10—14 日	114～118	50.5	5	−3.6～0.5	1.6～5.4	−11.2～−3.0
2014—2015 年	2014 年 11 月 15—30 日	4～19	0.8	16	−5.4～4.9	0.8～10.9	−13.5～0.3
	2015 年 2 月 20—22 日	101～103	37.4	3	−2.6～1.4	2.8～5.4	−12.5～0.4
	2015 年 3 月 5—7 日	114～116	48.2	3	−7.6～−0.8	0.1～4.0	−3.1～16.5
2015—2016 年	2016 年 2 月 10—12 日	87～89	4.6	3	−3.0～3.9	5.7～9.7	−10.6～0.4
	2016 年 3 月 1—6 日	107～112	11.1	6	−6.6～2.3	1.0～6.0	−14.0～−5.0

融化期不同阶段的温度和降水量见表 4.3，累积温度和累积降水量如图 4.3 所示。2013—2014 年融雪前 3 天和融雪初期平均气温为 3.0℃ 和 2.5℃，高于 2014—2015 年（2.4℃ 和 1.3℃），低于 2015—2016 年（6.9℃ 和 4.9℃）。融雪第 10 天后气温上升速度明显加快，2013—2014 年增幅最大，2015—2016 年增幅最低。2014 年、2015 年和 2016 年融化期的平均温度分别为 8.2℃、5.7℃ 和 5.9℃。

2013—2014 年和 2014—2015 年融化期降水量分别为 23.3mm 和 24.2mm，不到 2015—2016 年（58.3mm）的一半。此外，2013—2014 年融化期降水量的 19.4% 和 77.9% 发生在产流的前 10 天和 15 天，明显高于 2014—2015 年和 2015—2016 年（小于 1%）。2014—2015 年和 2015—2016 年融化期的大部分降水分别发生在产流后的 15～21d 和 28～36d。

表 4.3 融化期不同阶段的温度和降水量

时　　间	温　度/℃					降水量/mm
	融雪产流前 3 天	Ⅰ	Ⅱ	Ⅲ	Ⅳ	平均
2013—2014 年	3.0	2.5	9.4	6.8	12.9	8.2	23.3
2014—2015 年	2.4	1.3	9.9	3.3	10.0	5.7	24.2
2015—2016 年	6.9	4.9	7.4	7.0	5.7	5.9	58.3

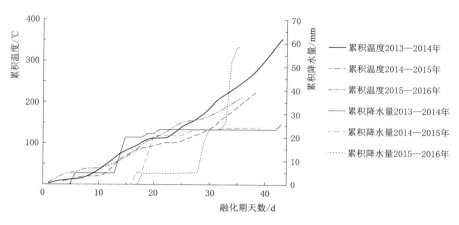

图 4.3　融化期累积温度和累积降水量

4.3　融化期土壤融化及水分特征

土壤冻结前以及融雪产流前土壤含水率，以及融化期不同阶段土壤融化特征见表 4.4。2013—2014 年冻结前表层土壤含水率较 2014—2015 年高 29％～117％。2013—2014 年（特别是稻田）融雪产流前和冻结前表层土壤含水率的增加量显著高于 2014—2015 年。

表 4.4　　　**冻结前和融雪产流前土壤含水率以及融化期不同阶段**

土壤融化深度和融化速率

取样位置	年　份	冻结前土壤含水率/%		融雪产流前土壤含水率/%		土壤融化深度/cm				土壤融化速率/(cm/d)			
		10cm	40cm	10cm	40cm	I	II	III	IV	I	II	III	IV
玉米田	2013—2014	23.65	23.03	33.62	28.03	6.5	17.7	—c	—c	0.6	0.9	—c	—c
	2014—2015	13.93	15.21	25.03	19.60	19.0	31.0	52.4	77.9	1.8	2.0	4.8	2.3
	2015—2016	—	—	32.12	26.71	19.0	32.0	—d	69.8	2.4	0.9	—d	4.2
水稻田	2013—2014	52.39	41.07	96.64	75.78	5.5	7.5	28.7	—c	0.5	0.2	1.3	—c
	2014—2015	37.45	31.83	44.51	40.43	16.3	28.2	46.3	62.1	1.5	2.0	4.1	1.4
	2015—2016	—	—	57.73	48.08	19.0	26.8	—d	40.0	2.4	0.5	—d	1.5

注　a 为每阶段末冻土融化深度；b 为每阶段冻土平均融化速率；c 为降雨＋融雪阶段末冻土层消失；d 为该阶段数据未监测到。

2014 年玉米地融雪产流初期和后期的融化深度分别为 6.5cm 和 17.7cm，对应的融化速率分别为 0.58cm/d 和 0.92cm/d。然而，2015 年和 2016 年，融化初期的融化深度为 19.0cm，融化后期的融化深度大于 30cm。2015 年融化初期和融化后期对应的融化速率分别为 1.77cm/d 和 2.4cm/d，2016 年分别为 2.0cm/d 和 0.94cm/d。相比之下，稻田的融化深度更小，融化速率更低。

4.4　融化阶段水文特征

黑顶子流域融化期的温度、降水量以及流域出口和三种汇流区产流量如图 4.4 所示，不同阶段不同典型汇流区（DRⅠ，DRⅡ，DRⅢ）的排水量见表 4.5。2014 年全流域的流量分别比 2015 年和 2016 年高出 2.94 倍和 4.44 倍；融雪初期产流逐渐增加，3 月 15 日以后急剧增加，2014 年 3 月 15 日和 29 日达到峰值，显著的产流（大于 0.2m³/s）在此期间持续了 20 天。2014 年整个流域的产流系数分别是 2015 年和 2016 年的 2.38 倍和 3.8 倍。2015 年和 2016 年融雪期流域出口产流过程比较相似：融雪产流初期，在融雪后第二天流量达到峰值，2015 年和 2016 年显著产流分别持续了 5 天和 2 天。DRⅠ 2014 年、2015 年、2016 年阶段Ⅰ产出水量分别为 17.49 万 m³、16.19 万 m³ 和 12.54 万 m³，阶段Ⅱ水分产出量分别为 19.08 万 m³、7.55 万 m³ 和 7.16 万 m³。但 2014 年阶段Ⅲ水分产出量分别是 2015 年和 2016 年的 37.5 倍和 56.5 倍。2014 年 DRⅡ 出口发生产流并持续了近 40 天，而 2015 年未观测到。2016 年 DRⅡ 出口在持续了 1 周的强降水事件（即 53.2mm）后也发生了产流。2014 年、2015 年和 2016 年融化期，DRⅢ 分别产出 18.66 万 m³、9.67 万 m³ 和 1.10 万 m³ 水，其中阶段Ⅰ产水量最高。

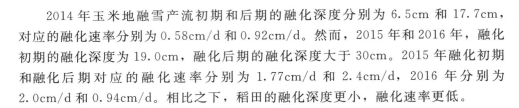

（a）温度和降水量

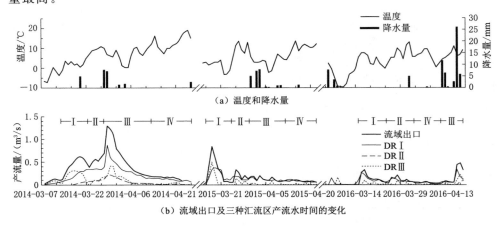

（b）流域出口及三种汇流区产流水时间的变化

图 4.4　2014—2016 年融化期产流及气象特征图

表 4.5　　　　　　　　　　　　黑顶子流域研究期水文特征

年份	区域	产流量/万 m³					$Yield_{I+II}/$ $(P_{30DBF}+P_F)$	$Yield_{sum}/$ P_{sum}	$DR\,II_{paddy}$ /mm
		合计	I	II	III	IV			
2014	流域出口	158.99	39.75	28.62	76.32	15.9	0.11	0.19	
	DR I	91.94	17.49	19.08	44.52	12.72	0.11	0.17	
	DR II	48.39	4.77	11.13	30.21	1.59	0.05	0.16	1.12
	DR III	18.66	17.49	−1.59	1.59	1.59	a—	a—	
2015	流域出口	53.95	23.20	9.71	12.95	8.09	0.07	0.08	
	DR I	44.28	16.19	7.55	11.87	8.09	0.09	0.13	
	DR II	0	0	0	0	0	0	0	>8.85
	DR III	9.67	7.01	2.16	1.08	0	a—	a—	
2016	流域出口	35.82	12.90	7.52	12.54	2.51	0.08	0.05	
	DR I	31.53	12.54	7.16	7.88	3.58	0.15	0.09	
	DR II	3.18	0	0	3.18	0	0	0.01	5.76
	DR III	1.10	0.36	0.36	1.43	−1.07	a—	a—	

注　a 为由于汇流区无法有效确定，因此该部分数据未计算。

前两个阶段的产水量（$Yield_{I+II}$）与冻结前 30 天和冻结期的累积降水的比值（$P_{30DBF}+P_F$）可以近似代表早期的产流系数，而融化期累积产水量（$Yield_{sum}$）和冻融期累积降水量（P_{sum}）的比值可以代表冻融期的径流系数。2014 年和 2016 年 DR I 前两阶段径流系数最高分别为 0.11 和 0.15。此外，冻融期径流系数在 2014 年最高，2016 年最低。2014 年、2015 年和 2016 年 DR II 水田蓄水量分别为 1.12mm、大于 8.85mm 和 5.76mm。

融雪开始时的温度和产流量变化如图 4.5 所示。在最高温度高于 0℃，但在平均温度低于 0℃ 的 3 天内没有发生流量。如果平均温度升高到 0℃ 以上并持续 2 天或更长时间，就会发生产流。

三年中发生在融雪产流阶段的比较显著的降水事件以及伴随的产流特征见表 4.6。2014 年降水事件降水量比 2015 年和 2016 年低 0.01～0.56 倍，最大强度低 0.21～0.37 倍，前期降水指数（API_7）为 0；然而，2014 年的直接径流系数是 2015 年和 2016 年的 2～13 倍。2015 年的降水量和 API_7 不到 2016 年的一半，而 2015 年和 2016 年 DR I 的直接径流系数却是相同的。2016 年出水口直接径流系数比 2015 年高，原因是 DR II 发生了产流。

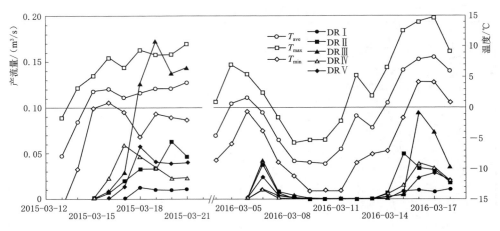

图 4.5　融雪初期温度和产流量的变化

表 4.6　　　　　　　　　　三年融雪产流期降水事件及伴随的产流特征

降雨事件	降雨量 /mm	持续时间 /h	最大降雨强度 /(mm/h)	融化深度/cm		API7ᵃ /mm	直接径流系数ᵇ		
				玉米	水稻		DR I	DR II	DRsum
2014 年 3 月 28—29 日	15.10	26.00	2.20	12.00	7.50	0.00	0.11	0.18	0.14
2015 年 4 月 2—3 日	15.30	15.00	3.50	33.00	29.00	2.55	0.02	—	0.01
2016 年 4 月 16—18 日	34.60	48.00	2.80	—	44.00	5.28	0.02	0.06	0.05

注　a 为 $API_7 = \sum_{i=1}^{7} \dfrac{P_i}{i}$；$P_i$(mm) 表示第 i^{th} 天前的累积降雨量；b 为直接径流系数 $= \dfrac{总产流量-基流量}{降雨量}$。

4.5　温度和降水对春季融雪产流的影响

2013—2014 年冻融期降水量（74mm）低于 2014—2015 年（78.3mm）和 2015—2016 年（83.7mm），而 2013—2014 年融化期产流量分别是 2014—2015 年和 2015—2016 年的 1.89 倍和 3.44 倍。此外，三年间流量过程线有很大区别；2014 年阶段 Ⅰ 产流量逐渐增加，在融雪产流发生 6 天后达到第一个高峰，显著流量持续了 20 多天。而 2015 年和 2016 年在融雪后第二天产流量就达到了峰值，且分别只持续了 5 天和 2 天。这些差异是由冻结前以及冻融期内降水量和温度升高事件发生的数量和时间的综合决定的。

4.5.1　秋季降雨的影响

2013—2014 年融化期前 30 天降雨量为 35.7mm，分别是 2015 年和 2016 年

的3倍和3.3倍。冻结期之前的降雨增加了土壤水分和地下水位（Carey，1973；Hall and Roswell，1981；Macrae et al.，2010）。在冻结期，受温度梯度影响，土壤水向上迁移，地下水流入低洼地区和河道内，最终冻结成冰，这意味着在融化期有更多的地表水来产生径流（Chen et al.，2013；Ireson et al.，2013）。此外，地表水在表层土壤或地表以上重新冻结可形成"近似不透水层"，从而降低土壤入渗能力和流域洼地蓄水量，导致春季更容易产流（Chen et al.，2013；Bauwe et al.，2015）。

4.5.2　冻结期温度和降水的影响

2013—2014年稳定冻结期60%以上的降水和两次升温事件发生在稳定冰冻期的前18天；因此，部分积雪融化并重新冻结在土壤中或雪的底部。2014年2月24—27日，气温显著升高，此时94%的降水已发生；这一时期的最高气温和平均气温分别为10.4℃和5.8℃。根据融雪产流与温度的关系，以及Morse and Wolfe（2015）的研究，即冬季变暖（5℃，通常超过1～3d）显著增加了冰面积，2014年2月24—27日的温度升高导致了大量积雪融化，并发生了产汇流，在随后温度降低时，这些融雪水在土壤、低洼地区或河道中重新结冰（Hall and Roswell，1981）。这种将地表水储存形态从雪转化为冰的过程使水分的存储更加集中。冰与空气的接触面积显著少于雪与空气的接触面积，冰接收到的太阳辐射远比雪少。因此，当地表水以冰的形式存储时，通过蒸发和升华造成的地表蓄水量的损失会减少，春季产流时对河流的供水量会增加而且持续时间会延长（Kane and Slaughter，1972）。此外，土壤中和地表的冰的出现可以减少洼地蓄水量，延缓冻土的融化（Chen et al.，2013），使"不透水层"作用持续时间更长。这些因素综合导致了2014年春季产流增速较缓、持续时间更长、产流量更大。

2014—2015年稳定冻结期，降雪（降雨）事件分散。初始温升事件发生时仅有0.8mm降水，其他两次温升事件均未明显诱发融雪。2016年3月1—6日气温明显升高，3月5日平均气温为2.3℃，稳定冻结期降水的56.4%发生在此后。因此，2015年冻结期的降水统一储存为地表雪，2016年为冰上雪（土壤或低洼地区的冰）。太阳辐射和地表覆盖率是影响融雪的主要因素（Woo et al.，2000；Marks et al.，2008）。由于黑顶子河流域植被覆盖率极低，大面积积雪会接收高强度的短波辐射，因此在2015年和2016年融雪初期出现了短期高强度的融雪产流事件（Kane et al.，1972）。

4.5.3　融化期降雨的影响

2014年融化期降雨量仅为23.3mm，与2015年相当，是2016年的40%，而相应的水分产出量分别是 2015 年和 2016 年的 5.9 倍和 6.1 倍。三年融化期的 3 次强降雨事件中，2014 年降雨量、强度最高、API_7 最低；然而，2014 年整个流域、DR I 和 DR II 的直接径流系数比 2015 年和 2016 年高 2.8～14 倍。2016 年的降雨量和 API_7 比 2015 年高 2.3 倍，但两年 DR I 的直接径流系数相同。因此，降雨发生的时间是影响融化期水文过程的重要因素，而不是降水量。2014 年，77.9% 的降雨发生在融雪开始后 15 天内，此时玉米和稻田的土壤融化深度分别低于 12.0cm 和 7.5cm。然而，2015 年和 2016 年大部分降雨事件分别发生在融雪后 15d 和 28d，此时玉米和稻田的融化深度均大于 29cm。壤中流的产生受冻土层深度的影响，降雨或融雪融冰水必须将冻土层以上的非饱和土壤饱和才可以产生地表径流或壤中流（Lundberg et al.，2016）。较大的土壤融化深度会导致更多的降雨和融雪/融冰水用于饱和土壤，进而损失于土壤蒸发（Wright et al.，2008）。因此，融化期较早的降雨会遇到较小的冻土融化深度，进而产生更高的直接径流系数。此外，如前所述，2014 年地表水的存储形态从雪转化为冰，大大延长了冻土的存在（Pittman et al.，2020），延长了供水时间（Kane and Slaughter，1972），最终增加了高降雨量与浅融化土层相逢事件发生概率，这可以显著增加径流产生。

4.6　温度和降水变化对不同类型农田产流的影响

DR I 河岸两侧主要种植玉米，其产流路径短、坡度陡、面积大，是整个流域产流的主要来源。2014、2015、2016 年 $P_{30DBF}+P_F$ 值分别为 86.4mm、66.0mm、35.5mm；而 $Yield_{I+II}$ 与 $P_{30DBF}+P_F$ 的比值在 2016 年最高（0.15），2015 年最低（0.09）。原因在前文已经讨论过了，即三年融雪产流前地表水的存储形态不同，2014 年以冰为主，2015 年以雪为主，2016 年是冰和雪。2014 年融化期阶段 II，有一定量的冰尚未融化，因此，$Yield_{I+II}$ 与 $P_{30DBF}+P_F$ 的比值低于 2016 年；且 2014 年阶段 III 在降雨量较少的情况下径流量分别是 2015 年和 2016 年的 3.8 倍和 5.6 倍。2016 年 3 月 1 日至 6 日的气温升高事件导致大量积雪融化并重新冻结成冰，从而导致融雪径流量高于 2015 年。

DR II 靠近河岸的两侧主要是水稻田，在远离河岸较陡峭的坡地上是玉米田；DR II 在 2015 年和 2016 年的大多阶段，产流非常低，有时甚至为 0。这是因为低洼的稻田有完善的垄作系统和密集的灌溉沟渠。田埂系统阻碍了远离排水沟的稻田中的融雪水向排水沟的汇集。密集且坡度较缓的灌溉沟渠与附近部分稻田因机械收获导致田埂塌陷时会相连在一起，导致地表洼地蓄水能力显著增加。此外，来自上游玉米田产流在稻田沟渠中滞留时间也延长了。因此，

DRⅡ中产生的水主要通过蒸发和渗漏流失，除非超过地表洼地蓄水能力，否则只有少量水可以到达河道（Choi et al.，2013）。经计算，2014 年、2015 年和2016 年融化期 DRⅡ水田地表洼地蓄水量分别为 1.12mm、大于 8.85mm 和5.76mm，表明秋季降雨和冻结期气温升高导致的融雪再冻结，大大降低了 DRⅡ中稻田的地表洼地蓄水能力。因此，2014 年融化期降雨事件虽然降雨量最低，氮直接径流系数却最高。此外，2014 年 DRⅡ产水量为 48.39 万 m^3，分别占2015 年和 2016 年整个流域产水量的 89.7％和 187.4％。

4.7　气候变化对季节性冻融区融雪产流过程模拟可能带来的不确定性

冰雪融水的产生过程是冻融期升温事件、降水量大小和降水发生时间综合作用的结果。因此，使用月度或年度气候变化情景预测融雪径流对气候变化的响应存在高度不确定性。全球气候在不断变化，北半球中纬度地区秋冬季的温度和降水量正在逐渐增加（Räisänen and Eklund，2012；Rasouli et al.，2015；IPCC 2018）。因此，融雪产流向融冰产流转化的概率在逐渐增加，这可能会产生类似于 2014 年观测数据中所发现的延迟融雪期的产流时间的现象；然而，这与现有文献中的发现相矛盾（Wang et al.，2010；Barnhart et al.，2020）。目前，已经有一些学者试图区分春季径流生成过程中的融冰和融雪过程。例如，Duan et al.（2020）修改了 SWAT 模型，增加了冰融化的高程阈值和日累积温度阈值，从而对中国昆仑山的融雪和融冰产流过程有了更精确的模拟。Luo et al.（2013）在 SWAT 模型中加入了冰川融化、升华/蒸发、堆积、质量平衡和消退的算法，Wang et al.（2015）应用该模型评估了降水和温度变化对我国西北部天山山脉水文过程的影响。然而，这些研究大多集中在具有稳定低温和积雪、冰川条件的高山地区，这些地区的冰的形成、消融过程及其分布与农业流域的季节性冰冻过程不同。因此，尚不清楚这些模型是否可以应用于季节性冻融农业区。因此，为降低季节性冻融地区融雪或融冰径流对气候变化响应模拟的不确定性，需要进一步研究改进融雪（冰）模型。

4.8　结论

本章研究了温度和降水对融化期不同阶段水文过程的综合影响，发现降水和升温事件的发生时间会影响春季产流前地表水的存储形式（冰雪）和存储位置，从而对供水量、供水速率、产流路径和产流量产生很大影响。2013—2014年稳定冻结期，60.4％和 75.9％的降水发生在第 10 天和第 30 天之前，94％发生在冬季显著升温事件之前（$T_{max}=10.4℃$ 和 $T_{ave}=5.8℃$），再加上 2013 年秋季降雨量大，因此 2014 年融化期产流前，地表水多以冰的形式存储于地表，进而使得 2014 年融化期产流逐渐增加，显著产流持续时间长，且产流系数最高。2014—2015 和 2015—2016 年稳定冻结期间，降水比较分散，而且除了 2016 年 3 月 5 日有一场比较明显的升温事件外（$T_{ave}=2.3℃$），并没有其他可以引发显著融雪的升温事件发生。因此，2015 年融化期以融雪产流为主，其特征是产流迅速达到峰值，持续时间短。2016 年融化期是融雪和融冰共同产流的特征，因此前两个产流阶段 DR Ⅰ 径流比（$Yield_{Ⅰ+Ⅱ}/P_{30DBF}+P_F$）相较于其他两年更高，虽然 2016 年期间降雨最少。此外，虽然 2014 年融化期早期降雨量少，但是降雨出现的时间早，因此使得整个流域以及 DR Ⅰ 和 DR Ⅱ 的直接径流系数增加了 2～13倍，这主要是因为降雨出现得越早，冻土融化浓度越浅，饱和已融化冻土层所需水分损失越少。农业流域土地利用类型的多样化又强化了春季融雪或融冰产流过程的时空差异和不确定性。此外，现有的融雪模型在春季产流过程中很少能区分冰和融雪，这可能会导致季节性冻融区春季融雪产流对气候变化响应的模拟具有较高的不确定性。

本 章 参 考 文 献

APPELS W M，COLES A E，MCDONNELL J J. Infiltration into frozen soil：From core - scale dynamics to hillslope - scale connectivity [J]. Hydrological Processes，2018，32：66 - 79.

AYGÜN O，KINNARD C，CAMPEAU S. Impacts of climate change on the hydrology of northern midlatitude cold regions [J]. Progress in Physical Geography：Earth and Environment，2020，44（3）：338 - 375.

BARNHART T B，TAGUE C L，MOLOTCH N P. The counteracting effects of snowmelt rate and timing on runoff [J]. Water Resources Research，2020，56（8）.

BAYARD D，ST H M，PARRIAUX A，et al. The influence of seasonally frozen soil on the snowmelt runoff at two Alpine sites in southern Switzerland. [J]. Journal of Hydrology，2005，309：66 - 84.

BAUWE A，TIEMEYER B，KAHLE P，et al. Classifying hydrological events to quantify their impact on nitrate leaching across three spatial scales [J]. Journal of Hydrology，2015，531：589 - 601.

BING H，HE P，ZHANG Y. Cyclic freeze - thaw as a mechanism for water and salt migration in soil [J]. Environmental Earth Sciences，2015，74（1）：675 - 681.

CAREY K L. Icings developed from surface water and ground water. Monograph MIII - D3 [J]. US Army Cold Regions Research and Engineering Laboratory，Hanover，NH，1973.

CHEN S，OUYANG W，HAO F，et al. Combined impacts of freeze - thaw processes on paddy land and dry land in Northeast China [J]. Science of the total environment，2013，456 - 457：24 - 33.

CHOI B, YUN S, KIM K, et al. A mesocosm study on biogeochemical role of rice paddy soils in controlling water chemistry and nitrate attenuation during infiltration [J]. Ecological engineering, 2013, 53: 89-99.

CORTE E A. Vertical migration of particles in front of a moving freezing plane [J]. Journal of Geophysical Research, 1962, 67: 1085-1090.

DENG H, CHEN Y, YANG L I. Glacier and snow variations and their impacts on regional water resources in mountains [J]. Journal of Geographical Sciences, 2019, 29: 84-100.

DOU T, XIAO C, LIU J, et al. Trends and spatial variation in rain-on-snow events over the Arctic Ocean during the early melt season [J]. The Cryosphere, 2021, 15 (2): 883-895.

DUAN Y C, LIU T, MENG F H, et al. Accurate Simulation of Ice and Snow Runo for the Mountainous Terrain of the Kunlun Mountains, China [J]. Remote Sensing. (Basel), 2020, 12: 179.

FANG S, XU L, PEI H, et al. An integrated approach to snowmelt flood forecasting in water resource management [J]. IEEE transactions on industrial informatics, 2013, 10 (1): 548-558.

HALL D K, ROSWELL C. The origin of water feeding icings on the eastern North Slope of Alaska [J]. Polar Record, 1981, 20 (128), 433-438.

IPCC I. Summary for Policymakers" in Global warming of 1.5℃. An IPCC Special Report on the impacts of global warming of 1.5℃ above pre-industrial levels and related global greenhouse gas emission pathways, in the context of strengthening the global response to the threat of climate change, sustainable development, and efforts to eradicate poverty [J]. The context of strengthening the global response to the threat of climate change, sustainable development, and efforts to eradicate poverty, 2018: 32.

IRANNEZHAD M, RONKANEN A K, KIANI S, et al. Long-term variability and trends in annual snowfall/total precipitation ratio in Finland and the role of atmospheric circulation patterns [J]. Cold Regions Science Technol., 2017, 143: 23-31.

IRESON A M, KAMP G V D, FERGUSON G, et al. Hydrogeological processes in seasonally frozen northern latitudes: understanding, gaps and challenges [J]. Hydrogeology Journal, 2013, 21: 53-66.

KANE D L, SLAUGHTER C W. Seasonal regime and hydrological significance of stream icings in central Alaska [C]//The role of snow and ice in hydrology: Proc. Banff Symposia, Sept, 1972, 1: 528-540.

KOCH J C, EWING S A, STRIEGL R, et al. Rapid runoff via shallow throughflow and deeper preferential flow in a boreal catchment underlain by frozen silt (Alaska, USA) [J]. Hydrogeology Journal, 2013, 21 (1): 93-106.

KOCH J C, KIKUCHI C P, WICKLAND K P, et al. Runoff sources and flow paths in a partially burned, upland boreal catchment underlain by permafrost [J]. Water Resources Research, 2014, 50 (10): 8141-8158.

LAMOUREUX S F, LAFRENIÈRE M J. More than just snowmelt: integrated watershed science for changing climate and permafrost at the Cape Bounty Arctic Watershed Observatory [J]. Wiley Interdisciplinary Reviews: Water, 2018, 5 (1): e1255.

LI R, SHI H, FLERCHINGER G N, et al. Modeling the effect of antecedent soil water storage on water and heat status in seasonally freezing and thawing agricultural soils [J]. Geoderma, 2013, 206: 70 - 74.

LIU G, WANG G. Insight into runoff decline due to climate change in China's Water Tower [J]. Water Science and Technology: Water Supply, 2012, 12 (3): 352 - 361.

LUNDBERG A, ALA - AHO P, Eklo O M, et al. Snow and frost: implications for spatio-temporal infiltration patterns - a review [J]. Hydrological Processes, 2016, 30 (8): 1230 - 1250.

LUO Y, ARNOLD J, LIU S, et al. Inclusion of glacier processes for distributed hydrological modeling at basin scale with application to a watershed in Tianshan Mountains, northwest China [J]. Journal of Hydrology, 2013, 477: 72 - 85.

MACRAE M L, ENGLISH M C, SCHIFF S L, et al. Influence of antecedent hydrologic conditions on patterns of hydrochemical export from a first - order agricultural watershed in Southern Ontario, Canada [J]. Journal of Hydrology, 2010, 389 (1 - 2): 101 - 110.

MARKS D, WINSTRAL A, FLERCHINGER G, et al. Comparing simulated and measured sensible and latent heat fluxes over snow under a pine canopy to improve an energy balance snowmelt model [J]. Journal of Hydrometeorology, 2008, 9 (6): 1506 - 1522.

MORSE P D, WOLFE S A. Geological and meteorological controls on icing (aufeis) dynamics (1985 to 2014) in subarctic Canada [J]. Journal of Geophysical Research: Earth Surface, 2015, 120 (9): 1670 - 1686.

MUSSELMAN K N, CLARK M P, LIU C, et al. Slower snowmelt in a warmer world [J]. Nature Climate Change, 2017, 7 (3): 214 - 219.

NANDINTSETSEG B, SHINODA M. Multi - decadal soil moisture trends in Mongolia and their relationships to precipitation and evapotranspiration [J]. Arid Land Research and Management, 2014, 28 (3): 247 - 260.

PITTMAN F, MOHAMMED A, CEY E. Effects of antecedent moisture and macroporosity on infiltration and water flow in frozen soil [J]. Hydrological Processes, 2020, 34 (3): 795 - 809.

PLOUM S W, LYON S W, TEULING A J, et al. Soil frost effects on streamflow recessions in a subarctic catchment [J]. Hydrological Processes, 2019, 33 (9): 1304 - 1316.

PRASAD V H, ROY P S. Estimation of snowmelt runoff in Beas Basin, India [J]. Geocarto International, 2005, 20 (2): 41 - 47.

RäISäNEN J, EKLUND J. 21st century changes in snow climate in Northern Europe: a high - resolution view from ENSEMBLES regional climate models [J]. Climate Dynamics, 2012, 38 (11): 2575 - 2591.

RASOULI K, POMEROY J W, MARKS D G. Snowpack sensitivity to perturbed climate in a cool mid - latitude mountain catchment [J]. Hydrological Processes, 2015, 29 (18): 3925 - 3940.

SHEN Y J, SHEN Y, FINK M, et al. Trends and variability in streamflow and snowmelt runoff timing in the southern Tianshan Mountains [J]. Journal of hydrology, 2018, 557: 173 - 181.

SU J J, VAN BOCHOVE E, THÉRIAULT G, et al. Effects of snowmelt on phosphorus and sediment losses from agricultural watersheds in Eastern Canada [J]. Agricultural water management, 2011, 98 (5): 867 - 876.

SUZUKI K, KUBOTA J, OHATA T, et al. Influence of snow ablation and frozen ground on spring runoff generation in the Mogot Experimental Watershed, southern mountainous taiga of eastern Siberia [J]. Hydrology Research, 2006, 37 (1): 21 - 29.

WANG J, LI H Y, HAO X H. Responses of snowmelt runoff to climatic change in an inland river basin, northwestern China, over the past 50a [J]. Hydrology & Earth System Sciences Discussions, 2010, 7 (1).

WANG X, LUO Y, SUN L, et al. Assessing the effects of precipitation and temperature changes on hydrological processes in a glacier - dominated catchment [J]. Hydrological Processes, 2015, 29 (23): 4830 - 4845.

WOO M, MARSH P, POMEROY J W. Snow, frozen soils and permafrost hydrology in Canada, 1995—1998 [J]. Hydrological processes, 2000, 14 (9): 1591 - 1611.

WRIGHT N, QUINTON W L, HAYASHI M. Hillslope runoff from an ice - cored peat plateau in a discontinuous permafrost basin, Northwest Territories, Canada [J]. Hydrological Processes: An International Journal, 2008, 22 (15): 2816 - 2828.

ZHANG Z, WANG W, GONG C, et al. Evaporation from seasonally frozen bare and vegetated ground at various groundwater table depths in the Ordos Basin, Northwest China [J]. Hydrological Processes, 2019, 33 (9): 1338 - 1348.

ZHAO Q, CHANG D, WANG K, et al. Patterns of nitrogen export from a seasonal freezing agricultural watershed during the thawing period [J]. Science of The Total Environment, 2017, 599: 442 - 450.

第 5 章

冻土融化期流域水、氮素时空分布特征及其影响因素

本章依照第 4 章对流域的划分情况，对流域出口及三类子流域的氮素进行了观测，并参考第 4 章对各类子流域水分产出量的计算方法，计算了氮素的产出量。基于各类子流域水、氮产出量的计算结果，对其在时间和空间上的变化特征和影响因素进行了分析。

5.1 流域氮素产出观测试验

5.1.1 试验背景及目的

在季节性冻融区，春季融雪期的氮素输出量非常高，这可能导致显著的氮损失和对陆地与水生生态系统的不利影响（Williams and Melack，1991；Lepori et al.，2003；Edwards et al.，2007；Corriveau et al.，2011）。受低温、土壤冻融进程、积雪堆积和融化等影响，冰冻区河流的氮源和入河路径与未冻区存在较大差异（Han et al.，2010）。

大多数针对融雪产流期氮素产出过程的观测是在自然下垫面条件的流域进行的，例如，森林流域和极地-高山地区，而且多针对融雪和降雨等特定事件（Corriveau et al.，2011）。然而，在农业活动频繁的流域，土壤冻结前的水分和氮素含量及空间分布主要受农业用水管理（灌溉和排水）和施肥过程的影响。因此，农业活动频繁的流域融化期氮素的来源和产出路径与自然流域存在较大差异（Poor et al.，2007；Vidon et al.，2009；Jiang et al.，2012；Jiang et al.，2014；Rezaei et al.，2016）。然而，对不同气候条件下受农业活动影响较大流域融化期氮素来源和路径变化的研究很少。

因此，本书的目的是在受农业活动影响较大的流域开展融雪产流期水和氮产出过程的监测，并评估不同气候条件和土地利用情况下水、氮源区的变化和

贡献量。该研究在中国东北黑顶子流域进行了三年，主要研究的污染物为铵态氮（$NH_4^+ - N$）和硝态氮（$NO_3^- - N$）。

5.1.2　试验方法

如 4.1.2 节所述，根据流域 30m 精度的数字高程图（DEM），将黑顶子流域划分为 13 个汇流区（DR），根据下垫面将这 13 个汇流区归为三类。并选择 DRⅠ中的 DR1，DR2，DR3，DR4 和 DR5 汇流区以及 DRⅡ中的 DR6 汇流区作为典型汇流区，进行观测；为了计算 DRⅢ中农村居住区和两岸堆肥点的水分及氮素产出量，在离流域出口 1147m 和 4207m 处设立两个监测点（M 和 N），这两个点之间河道两侧均为水稻田，没有农村居住区和农家肥堆肥点。在 2014—2016 年冻土融化期，分别在典型汇流区出口、主河道两个监测点（M 和 N）以及整个流域出口设置取样点，取水样并观测流速，频率为每天一次。水样取后过 $0.25\mu m$ 滤膜，置于冰箱内冷藏待测。所取土壤一部分采用烘干法测土壤含水率，另一部分按照 1：5 的比例加入去离子水浸提土壤中铵态氮和硝态氮。所有水样采用 CleverChem 200 自动连续分析仪进行铵态氮和硝态氮的测定。

DRⅠ、DRⅡ和 DRⅢ中的水分产出通量见式（4.1）～式（4.3），氮素产出量为

$$C_{DR}^t = \frac{\sum_{i=1}^n C_i^t Q_i^t}{\sum_{i=1}^n Q_i^t} (DR = Ⅰ, Ⅱ) \tag{5.1}$$

$$L_{DR}^t = \frac{\sum_{i=1}^n C_i^t Q_i^t}{\sum_{i=1}^n A_{TDRi}} \left(\sum_{j=1}^m A_j\right) (DR = Ⅰ, Ⅱ) \tag{5.2}$$

$$L_Ⅲ^t = C_o^t Q_o^t - L_Ⅰ^t - L_Ⅱ^t \tag{5.3}$$

式中：C_{DR}^t 和 L_{DR}^t（DR=Ⅰ，Ⅱ）为 DRⅠ或 DRⅡ的氮素（铵态氮或硝态氮）浓度和氮素析出量；Q_i^t、A_{TDRi} 和 C_i^t 为典型汇流区（DR1，DR2，DR3，DR4，DR5 和 DR6）的流量，面积和第 t 天的氮素浓度；A_j 为 DRⅠ或者 DRⅡ（包括典型 DRs）的面积；Q_o^t 和 C_o^t 为流域出口第 t 天的流量和浓度；$L_Ⅲ^t$ 为 DRⅢ在第 t 天的氮素产出量；n 为 DRⅠ或 DRⅡ中典型汇流区的数量；m 为 DRⅠ或 DRⅡ中汇流区的数量。

为了计算 DRⅡ中水稻田对水分和氮素的削减作用，DRⅡ中玉米田以及 DRⅡ中被削减的水分和氮素量用以下公式计算：

$$Q_{MⅡ}^t = \frac{A_{MⅡ}}{\sum_{j=1}^m A_{1j}} Q_Ⅰ^t \tag{5.4}$$

$$L_{M\,II}^{t} = \frac{A_{M\,II}}{\sum_{j=1}^{m} A_{I\,j}} L_{I}^{t} \tag{5.5}$$

$$Q_{P\,II}^{t} = Q_{II}^{t} - Q_{M\,II}^{t} \frac{\sum_{j=1}^{k} A_{II\,j}}{A_{TDR\,II}} \tag{5.6}$$

$$L_{P\,II}^{t} = L_{II}^{t} - L_{M\,II}^{t} \frac{\sum_{j=1}^{k} A_{II\,j}}{A_{TDR\,II}} \tag{5.7}$$

式中：$Q_{M\,II}^{t}$、$L_{M\,II}^{t}$ 和 $A_{M\,II}$ 为 DR II 中典型汇流区的玉米田水分析和氮素产出量以及面积；Q_{I}^{t} 和 L_{I}^{t} 为 DR I 中水分和氮素的产出量；$Q_{P\,II}^{t}$ 和 $L_{P\,II}^{t}$ 为 DR II 中水稻田的水分和氮素产出量；$A_{I\,j}$ 和 m 为 DR I 的面积和汇流区的数量；$A_{II\,j}$ 和 k 为 DR II 的面积和汇流区的数量；$A_{TDR\,II}$ 为 DR II 中典型汇流区的面积。

DR III 中河岸和岸边农村居住区氮素的产出量通过以下公式计算：

$$L_{C}^{t} = (Q_{M}^{t} C_{M}^{t} - Q_{N}^{t} C_{N}^{t}) \frac{L}{3060} \tag{5.8}$$

$$L_{R}^{t} = L_{III}^{t} - L_{C}^{t} \tag{5.9}$$

式中：Q_{M}^{t} 和 C_{M}^{t} 为监测点 M 处在第 t 天的流量和氮素浓度；Q_{N}^{t} 和 C_{N}^{t} 为监测点 N 处在第 t 天的流量和氮素浓度；L 为主河道的长度；L_{C}^{t} 和 L_{R}^{t} 为主河道河岸和两岸农村居住区的氮素产出量。

5.2 冻土融化期流域水、氮素时空分布特征及影响因素分析

黑顶子河流域融雪产流期水分产出过程时空分布特征及其影响因素已在第 4 章进行了比较详细的分析，本章不再赘述，下文重点针对氮素的时空分布特征及影响因素进行分析。

图 5.1 为冻土融化期流域以及各类汇流区水分、气象及氮素输出过程。由图 5.1 可知，2014 年出口硝态氮浓度波动较大，但始终维持在较高的水平，通过 MK 检验可知（图 5.2），从显著产流（3 月 15 日）开始到产流后 37 天（4 月 10 日），硝态氮浓度虽然呈下降趋势，但在 5% 显著性水平检验下不显著，4 月 10 日以后才呈显著下降趋势；2015 年和 2016 年硝态氮浓度变化趋势相似，均在产流初期达到最大值，并在产流 5 天和 1 天后就呈下降趋势，在产流后 8 天和 6 天达到显著甚至极显著水平。在阶段 I，三年硝态氮浓度峰值均出现在流量峰值之前，而在阶段 III，硝态氮浓度峰值则出现在流量峰值之后。此外，2014 年阶段 I 硝态氮浓度峰值出现时间比 2015 年和 2016 年晚 1～2 天。

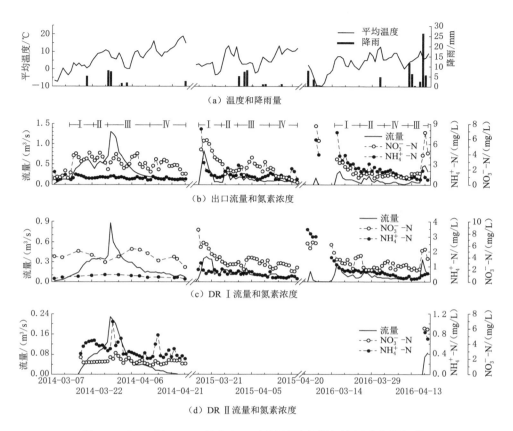

（a）温度和降雨量

（b）出口流量和氮素浓度

（c）DR Ⅰ流量和氮素浓度

（d）DR Ⅱ流量和氮素浓度

图 5.1　2014 年、2015 年和 2016 年流域及各类江流区融化期气象、
水分及氮素变化特征

由图 5.1 和图 5.2 可知，2014 年出口铵态氮浓度前 3 天为上升趋势，此后呈下降趋势，但是直到产流后 32 天（4 月 5 日）才稳定处于显著水平以上；2015 年和 2016 年铵态氮浓度变化趋势相似，在产流初期达到最大值，此后一直处于下降趋势，2015 年虽有一定的波动，但在产流后 4～10 天以及 20 天以后均达到了显著水平，2016 年变化趋势稳定，在产流后 6 天达到显著水平。

表 5.1 为黑顶子流域出口不同阶段 NH_4^+-N 浓度和 NO_3^--N 浓度统计表。由表 5.1 可知，2015 年和 2016 年阶段 Ⅰ NO_3^--N 浓度以及 2016 年 NH_4^+-N 浓度在 95% 显著性水平上显著小于阶段 Ⅱ，虽然在 2015 年阶段 Ⅰ NH_4^+-N 浓度与阶段 Ⅱ 无显著差异，但也较小。但是在 2014 年，阶段 Ⅰ 和阶段 Ⅱ NH_4^+-N 浓度和 NO_3^--N 浓度之间均无显著差异。2014 年 NH_4^+-N 流量加权平均值为 0.47mg/L，显著小于 2015 年（2.19mg/L）和 2016 年（2.87mg/L）。2014 年、

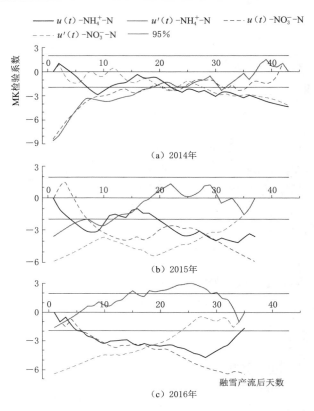

图 5.2 黑顶子流域融化期融雪产流后 $NO_3^- - N$ 和 $NH_4^+ - N$ 浓度 MK 检验结果

表 5.1 黑顶子流域出口不同阶段 $NH_4^+ - N$ 浓度和 $NO_3^- - N$ 浓度统计表

产流阶段	2014 年		2015 年		2016 年	
	$NH_4^+ - N$ /(mg/L)	$NO_3^- - N$ /(mg/L)	$NH_4^+ - N$ /(mg/L)	$NO_3^- - N$ /(mg/L)	$NH_4^+ - N$ /(mg/L)	$NO_3^- - N$ /(mg/L)
Ⅰ	$0.57\pm0.21a^m$	$3.08\pm0.36a$	$2.52\pm2.23a$	$4.46\pm1.03a$	$4.18\pm1.64a$	$2.77\pm1.78a$
Ⅱ	$0.50\pm0.07ab$	$2.65\pm0.67a$	$1.59\pm0.46ab$	$1.87\pm0.37b$	$2.37\pm0.40b$	$1.38\pm0.25b$
Ⅲ	$0.38\pm0.18b$	$2.37\pm0.69a$	$1.27\pm0.53b$	$2.35\pm0.60b$	$1.12\pm0.41c$	$2.78\pm2.03a$
Ⅳ	$0.30\pm0.14b$	$1.92\pm0.59b$	$1.28\pm0.51b$	$1.02\pm0.57c$	$1.77\pm0.44bc$	$1.25\pm0.17b$

注 m 为均值和均方差;a,b 和 c 为显著性差异($P<0.05$)。

2015 年和 2016 年 $NO_3^- - N$ 流量加权平均浓度分别为 2.54mg/L、3.29mg/L 和 3.19mg/L。2014 年 $NH_4^+ - N$ 浓度和 $NO_3^- - N$ 浓度在阶段 Ⅰ 的差异系数(均方差除以平均值)分别为 0.32 和 0.19,显著小于 2015 年(0.84 和 0.45)和 2016 年(0.48 和 0.75)。

不同产流阶段以及年际间氮素浓度变化的差异是由产流速度、产流路径和土壤中氮素分布共同作用的结果。观察三年阶段Ⅰ硝态氮、铵态氮与流量之间关系可以发现，硝态氮和铵态氮浓度峰值均出现在流量峰值之前（图 5.1），Creed et al.（1998）把这一现象归结于冲刷作用（flushing effect），他们认为这一现象中的氮素主要来自表层土壤，其原因是地表是氮素的主要聚集区，地下水位上升至表层土壤会使得有更多的氮素变得"可移动"，随后较快的侧向产流使得这些浸提出来的氮素在坡地上以地表径流或潜流，或者在河岸带以地表径流或饱和回归流的形式汇聚到河道中，影响这一过程的主要因素是VSA（variable source area）的扩展和收缩的速度，VSA 变化速度越慢，冲刷持续时间越长，最终氮素产出的量就越大。已有研究表明地形因素或产流前土壤含水率状况是影响 VSA 的主要因素（Welsch et al.，2001），Creed 等（1998）认为不同的地形特点可能会促进或限制"源区"的侧向扩张，从而延长或缩短冲刷的时间，Welsch 等（2001）研究发现，产流前土壤含水率情况可以通过控制流域水文连通性进而控制流域上可以入河的含 $NO_3^- - N$ 浓度较高的水量。

由前文分析可知，2014 年阶段Ⅰ和阶段Ⅱ氮素浓度更加稳定，而 2015 年和 2016 年两个阶段氮素浓度则有显著差异（表 5.1 和图 5.1）。这是因为 2014 年冻土融化期的冲刷效应比 2015 年和 2016 年持续时间更长。2013—2014 年冻结期前秋季降雨量远大于 2015 年和 2016 年，且 2014 年 2 月 24—27 日，有一段显著的升温期，最高温度为 10.4℃，日平均温度为 5.8℃，由温度和产流的关系可知，该升温会导致大量的积雪融化，融雪水在温度降低后会重新冻结在地表、河道或土壤中，因而 2014 年融雪产流前地表和土壤含冰量远大于其他两年。这和 Morse and Wolfe（2015）的研究结果一致，他们发现当秋季降雨或冬季有显著的升温并持续一段时间时（5℃，一般来说 1～3 天）会增加地表冰储量。较高的土壤含冰量一方面会使得土壤融化速度更慢，另一方面会大大减小土壤入渗率，减少融雪水的入渗，提高融化期流域产流量。加之 2014 年主要是融冰产流，产流平缓且持续时间更长，因而 2014 年冲刷效应持续时间更长。

融化期阶段Ⅱ氮素浓度显著低于阶段Ⅰ，特别是 2015 年和 2016 年（表5.1）。由上述分析可知，这两年冻结期降水主要以积雪的形式均匀地覆盖在地表。且流域森林覆盖率只有（14.0%），因而可以更多地吸收太阳辐射，从而发生显著而迅速的融雪产流。在阶段Ⅰ初始时，融雪水迅速饱和土壤融化层，并产生侧向的产流。由于该阶段冻土融化速率相对较慢，且产流多来自地表，该土层氮素累积量较大，冲刷作用明显，因而氮素浓度大。相反，阶段Ⅱ随着土壤融化速率增加冻土融化深度迅速加深，产流路径从表层土壤转向深层土壤，由残留积雪、积冰融化提供的水量不足以饱和融化层土壤，因而在阶段Ⅱ冲刷效应被大大的抑制，氮素浓度迅速下降。该结论与 Smith 等（2014）的研究结果相似，即控制降雪时间、降雪强度以及降雪量的因素以及控制土壤横向和垂向径流比例的因素在春季融雪期比地形条件更能影响产流源区的变化。

在阶段Ⅲ，土壤融化速率进一步增加，甚至融通，此时降雨已经无法饱和融化层土壤。因此，冲刷效应彻底消失。和阶段Ⅰ相反，阶段Ⅲ三场显著的降雨后硝态氮峰值均晚于降雨产流峰值，而铵态氮浓度变化相对较小（图5.1），说明快速产流流经的区域并不是氮素的主要来源，在这种情况下硝态氮浓度的峰值可能和较慢的地下径流和回归流相关（Jiang et al.，2012）。

5.3 流域不同下垫面水、氮平衡计算

表5.2为黑顶子流域融化期不同阶段不同类型汇流区对水分、$NO_3^- - N$ 和 $NH_4^+ - N$ 产出量的贡献量汇总表。由表5.2可知，DRⅠ在2014年、2015年和2016年融化期分别贡献了流域58%、81%和88%的水分，94%、96%和95%的 $NO_3^- - N$，以及46%、21%和24%的 $NH_4^+ - N$。

DRⅡ仅在2014年出现长时间的产流，水分、硝态氮和铵态氮贡献量分别为30%、15%和31%，2015年整个融化期和2016年融化期大部分时间均为产流，仅2016年融化期后期连续53.2mm的降雨后才产流，所以只有秋冬或者融化期降雨量达到某一阈值时，水稻区才会产流。由式（5.4）～式（5.7）计算可知，2014年整个流域水稻区中的水稻田贡献了1.7万 m^3 水和107.1kg铵态氮，但是削减了872.0kg硝态氮，占2014年流域硝态氮析出总量的21.5%，2015年削减了17.6万 m^3 水，106.4kg铵态氮和751.6kg硝态氮，分别占2015年析出总量的32.7%、9.0%和42.3%，2016年削减了9.2万 m^3 水，82.5kg氨氮和561.1kg硝氮，分别占2016年析出总量的25.7%、8.0%和49.2%。其原因可能有以下几个：①水稻田中的沟渠与水稻田有良好的联通，玉米田产流进入水稻田后需填满沟渠以及与沟渠联通的水稻田，否则难以产流；②水稻田中沟渠长度较长，坡降比小，大大延长了玉米田产流入河的时间，减缓了流速，增加了水分在沟渠中的蒸发、渗漏，同时也增加了氮素在沟渠中降解的时间；③由于采用机械收割，导致田埂被收割机轮胎压塌，使得沟渠与水稻田有良好的水力联通，沟渠中水分汇入水稻田，一方面增加了储水空间；另一方面水稻田通过入渗、反硝化作用、土壤吸附作用等对氮素有良好的削减作用；④水稻田沟渠中植被较多，温度升高后植被返青，消耗了部分硝态氮。因为DRⅡ对水分和氮素的削减作用，DRⅡ氮素的产出量远小于DRⅠ。

不同于玉米区和水稻区，河道在不同时段不仅可能是水分和氮素的"源"，也可能是水分和氮素的"汇"。对于整个融化期来说，河道是水分的和铵态氮的"源"，2014年和2015年河道对融化期水分的贡献量达到了12%和18%，但

表 5.2　黑顶子流域融化期不同阶段不同类型汇流区对水分 $NO_3^- - N$ 和 $NH_4^+ - N$ 产出量的贡献量

变量	组分	2014年						2015年						2016年					
		产出量ᵃ	总	Ⅰ	Ⅱ	Ⅲ	Ⅳ	产出量ᵃ	总	Ⅰ	Ⅱ	Ⅲ	Ⅳ	产出量ᵃ	总	Ⅰ	Ⅱ	Ⅲ	Ⅳ
			占比/%						占比/%						占比/%				
产流	出口	158.99	100	25	18	48	10	53.95	100	43	18	24	15	35.82	100	36	21	35	7
	DRⅠ	91.94	58	11	12	28	8	44.28	81	30	14	22	15	31.53	88	35	20	22	10
	DRⅡ	48.39	30	3	7	19	1	—	—	—	—	—	—	3.18	9	—	—	9	—
	DRⅢ	18.66	12	11	−1	1	1	9.67	19	13	4	2	0	1.10	3	1	1	4	−3
$NO_3^- - N$ 产出量	出口	4050.75	100	27	18	47	8	1775.45	100	69	9	17	5	1141.13	100	36	10	51	3
	DRⅠ	3799.30	94	20	16	46	11	1737.99	96	50	13	22	11	1082.18	95	42	15	29	9
	DRⅡ	597.79	15	1	3	10	0	—	—	—	—	—	—	190.43	17	—	—	17	—
	DRⅢ	−346.34	−9	5	−1	−9	−4	37.46	4	19	−3	−5	−6	−112.65	−12	−6	−5	6	−6
$NH_4^+ - N$ 产出量	出口	749.51	100	29	18	47	6	1182.53	100	63	14	15	8	1028.58	100	60	19	17	5
	DRⅠ	346.78	46	8	10	23	5	255.81	21	10	4	5	2	245.40	24	15	5	3	1
	DRⅡ	229.33	31	3	7	19	1	—	—	—	—	—	—	23.94	2	—	—	2	—
	DRⅢ	173.41	23	17	1	4	1	926.72	79	53	10	9	6	727.92	74	45	14	3	3

注　—为这些阶段 DRⅡ 没有水和氮素产出；a 为流量和氮素负荷的单位分别为 "$10^4 m^3$" 和 "kg"。

2016年仅有3%，除2014年阶段Ⅱ和2016年阶段Ⅳ外，其他时间河道均对流域出流有贡献，其中主要贡献集中在阶段Ⅰ。当河道对出口有大量的水分供给时（2014年和2015年阶段Ⅰ和2016年阶段Ⅲ），则河道对硝态氮的析出也会有一定的贡献，其他时期往往会对流域硝态氮的析出起到削减作用，其削减比例随着融化期的进行，流量的减少会逐步增加，比如在2014年和2015年河道在后三个阶段对流域硝态氮的削减比例平均值为15.13%、19.40%和43.94%，2016年阶段Ⅲ实际发生在阶段Ⅳ之后，所以其他三个阶段是相连的，河道对硝态氮的削减比例也遵循同样的规律，分别为14.29%、33.33%和66.67%。造成这一现象的原因可能有以下几个：①随着流量的减少，河道内水流流速减小，增加了氮素在河道内停留和降解的时间；②随着融化期的进行，温度升高，微生物活性增加，硝态氮降解系数增加；③随着温度的升高，植物返青，河道中植被对硝态氮的吸收增加；④随着河岸及河道底部冻土的融化，河水对地下水的补给越来越强烈，导致硝态氮随水分下渗流失。河道始终是流域铵态氮的"源"，2014年河道对铵态氮的贡献为23%，2015年和2016年则分别达到了78%和71%。

DRⅠ融化期对流域硝态氮贡献率均达到了94%以上，说明在三年的冻土融化期，流域$NO_3^- - N$主要来自于DRⅠ，原因主要有以下三个：①玉米田施肥量大于水稻田，土壤残留氮素浓度高；②玉米田作物生长期不进行灌溉，因而氮素向深层的运移损失量少，多在表层土壤累积；③玉米田多处于上游支流两侧的坡地，易于产流，且产流入河路径短，沿途损失少。此外，由图5.3可知，虽然三年观测期气象条件有很大的差异，但是DRⅠ2014年、2015年和2016年融化期，各个阶段$NO_3^- - N$产出量和产流量之间仍具有良好的线性关系，说明影响玉米为主的DRⅠ $NO_3^- - N$析出量的主要因素是流量，因此，产流量大的阶段比如2014年和2016年的阶段Ⅰ和阶段Ⅲ以及2015年的阶段Ⅰ往往伴随着较大的$NO_3^- - N$产出量。2015年阶段Ⅰ的点在拟合直线之上而且偏离较远，主要是因为较强的冲刷作用（图5.3）。虽然$NH_4^+ - N$各阶段产出量与产流量之间也有一定的线性相关关系，但相关性较差，主要原因可能有两个：①铵根离子为阳离子，随着水流的运移，其中的铵根离子会被土壤中阴离子吸附，因而浓度会被大大的削减；②$NO_3^- - N$和$NH_4^+ - N$源区不同，$NO_3^- - N$主要来自玉米田，而$NH_4^+ - N$则主要来自河道两侧农村居住区。

DRⅢ2015年和2016年融化期对流域铵态氮的贡献率均达到了70%以上，甚至接近于80%，2014年铵态氮析出量小于后两年的主要原因便是河道铵态氮的析出量较少，尤其是在阶段Ⅰ和阶段Ⅱ，原因可能有以下几个：①2014秋季降雨多，河道内流量大，冻结时间晚，因而河道内铵态氮流失多；②参考后两年观测结果可知，在2月明显升温期间，主河道很有可能出现了一到两天的产

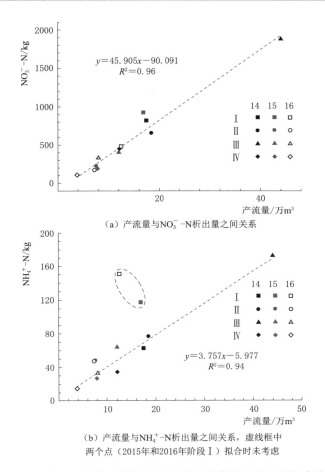

（a）产流量与NO$_3^-$-N析出量之间关系

（b）产流量与NH$_4^+$-N析出量之间关系，虚线框中
两个点（2015年和2016年阶段Ⅰ）拟合时未考虑

图 5.3 冻土融化期不同阶段产流量与氮素析出量之间的关系

流，2015 年和 2016 年产流初期的前两天铵态氮析出量占整个融化期析出量的
40.71% 和 37.9%，且 2014 年阶段Ⅰ铵态氮析出比例与后两年的阶段Ⅱ析出比
例相似，所以很有可能是 2 月的产流导致了河道内铵态氮的大量流失，若考虑
这部分损失，则 2014 年 DRⅢ对氨态氮的贡献率将达到 47.3% 以上，所以 DRⅢ
是流域铵态氮的主要来源。为了进一步确定河道中铵态氮的来源，在 2015 年和
2016 年融化期分别在距离主河道出口 1147m 和 4207m 的断面设置两个观测点，
由式（5.8）和式（5.9）可得到农村对河道铵态氮的贡献量，经计算，2015 年
和 2016 年整个融化期农村对河道铵态氮的贡献量分别为 71.5% 和 74.3%，所以
DRⅢ中农村是整个流域铵态氮的主要来源。此外，考虑到冬季升温的影响，
2014 年阶段Ⅰ和阶段Ⅱ对流域融化期氨态氮产出量的贡献率为 43%，2015 年和
2016 年前两个阶段对流域融化期氨态氮产出量的贡献率分别为 63% 和 59%，所

以综上可知流域融化期氨态氮主要来自于前两个阶段沿河农村居住区的输出。

5.4 结论

本章在我国东北受农业活动影响较大的黑顶子河流域开展了为期三年的融化期水、氮产出过程监测，研究了不同气象条件下铵态氮和硝态氮的输出过程随时间的变化规律，以及不同来源、不同阶段水、氮的贡献率。研究结果表明，融雪产流期，水氮产出过程并不同步，铵态氮和硝态氮的变化主要是融雪的冲刷作用造成的，而冲刷作用受到水分存储形态（冰/雪）和冻土融化速度的控制。融雪产流期不同土地利用类型和气候条件下不同类型汇流区对流域总的氮素产出量贡献不同。硝态氮主要来自玉米田，铵态氮主要来自沿河的农村居住区，且铵态氮主要产出自前两个产流阶段。

本 章 参 考 文 献

ANDREA B，FRANCESC G，JÉRÔME L，et al. Cross – site comparison of variability of DOC and nitratec – q hysteresis during the autumn – winter period in three Mediterranean headwater streams：a synthetic approach [J]. Biogeochemistry，2006，77（3）：327 – 349.

CREED I F，BAND L E. Export of nitrogen from catchments within a temperate forest：Evidence for a unifying mechanism regulated by variable source area dynamics [J]. Water Resources Research，1998，34（11）：3105 – 3120.

CORRIVEAU J，CHAMBERS P A，YATES A G，et al. Snowmelt and its role in the hydrologic and nutrient budgets of prairie streams [J]. Water Science and Technology，2011，64（8）：1590 – 1596.

EDWARDS A C，SCALENGHE R，FREPPAZ M. Changes in the seasonal snow cover of alpine regions and its effect on soil processes：a review [J]. Quaternary international，2007，162：172 – 181.

HAN C W，XU S G，LIU J W，et al. Nonpoint – source nitrogen and phosphorus behavior and modeling in cold climate：A review [J]. Water Science and Technology，2010，62（10）：2277 – 2285.

JIANG R，WOLI K P，KURAMOCHI K，et al. Coupled control of land use and topography on nitrate – nitrogen dynamics in three adjacent watersheds [J]. Catena，2012，97：1 – 11.

JIANG R，HATANO R，ZHAO Y，et al. Factors controlling nitrogen and dissolved organic carbon exports across timescales in two watersheds with different land uses [J]. Hydrological processes，2014，28（19）：5105 – 5121.

LEPORI F，BARBIERI A，ORMEROD S J. Causes of episodic acidification in Alpine streams [J]. Freshwater Biology，2003，48（1）：175 – 189.

MORSE P D，WOLFE S A. Geological and meteorological controls on icing（aufeis）dynamics（1985 to 2014）in subarctic Canada [J]. Journal of Geophysical Research：Earth

Surface，2015，120（9）：1670 – 1686.

POOR C J，MCDONNELL J J. The effects of land use on stream nitrate dynamics ［J］．Journal of Hydrology，2007，332（1 – 2）：54 – 68.

REZAEI M，VALIPOUR M. Modelling evapotranspiration to increase the accuracy of the estimations based on the climatic parameters ［J］．Water Conservation Science and Engineering，2016，1（3）：197 – 207.

SMITH R S，MOORE R D，WEILER M，et al. Spatial controls on groundwater response dynamics in a snowmelt – dominated montane catchment ［J］．Hydrology and Earth System Sciences，2014，18（5）：1835 – 1856.

VIDON P，HUBBARD L E，SOYEUX E. Seasonal solute dynamics across land uses during storms in glaciated landscape of the US Midwest ［J］．Journal of Hydrology，2009，376（1 – 2）：34 – 47.

WELSCH D L，KROLL C N，MCDONNELL J J，et al. Topographic controls on the chemistry of subsurface stormflow ［J］．Hydrological Processes，2001，15（10）：1925 – 1938.

WILLIAMS M W，MELACK J M. Solute chemistry of snowmelt and runoff in an alpine basin，Sierra Nevada ［J］．Water Resources Research，1991，27（7）：1575 – 1588.

第 6 章

冻土融化期流域水分来源及产出路径分析

本章通过对流域产流、降雨、积雪、河冰和地下水等水中氢氧同位素的检测，并结合产流量、地下水位的时空变化，分析了冻土融化期流域水分的来源及产出路径，并结合第2章和第4章的内容，对融雪产流期水文过程及影响因素进行系统的总结。

6.1 流域氢氧同位素示踪试验

上游5条支流所在的汇流区分别为DR1～DR5。冻土融化过程中，对典型支流、河道断面、积雪、河冰、土壤水和地下水进行监测，取样点分布如图6.1所示。图中，大写字母A～E为主河道断面取样点，其中A、B之间为玉米典型河道，河道两侧只有玉米田；C、D之间为农村典型河道，该段河道两侧有大片农村居住区；D、E之间为水稻典型河道，该段河道两侧均为水稻田。除此之外，R1～R4代表4个农村排污沟取样点。

2015年融化期共取样品70个，其中出口河水样品采集频率为每天一次，根据产流阶段，主河道断面B、C、D、E以及第三支流（DR3）出

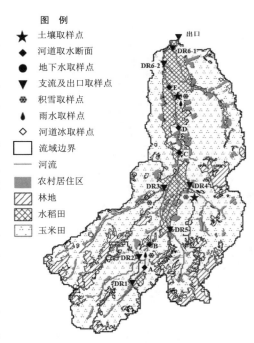

图 例

★ 土壤取样点
◆ 河道取水断面
● 地下水取样点
▼ 支流及出口取样点
✤ 积雪取样点
♦ 雨水取样点
◇ 河道冰取样点
▢ 流域边界
— 河流
▨ 农村居住区
▧ 林地
▤ 水稻田
░ 玉米田

图 6.1　冻土融化期流域氢氧同位素取样点分布

口处分别于 3 月 18 日、3 月 23 日、3 月 27 日、4 月 3 日和 4 月 18 日进行了五次取样，共收集河水样 54 个；在融雪产流开始之前于第二、第三、第四支流以及下游水稻田处取得积雪样 6 个，融雪阶段在以上三个支流取得融雪水样 7 个；在 4 月 2 日、4 月 3 日、4 月 11 日取得三个雨水样。2016 年融化期共取样品 193 个，其中出口、第三支流、第四支流河水样品采集频率为每天一次，根据产流阶段，主河道断面 A、D、E 以及第一、第二、第五支流出口处分别于 3 月 16 日、3 月 21 日、3 月 28 日、4 月 5 日和 4 月 13 日进行了五次取样，共收集河水样 118 个；融雪产流前取积雪样 5 个，河道中冰样 13 个，土壤样 14 个；融雪产流过程中取融雪水样 5 个，雨水样 3 个（4 月 2 日、4 月 12 日、4 月 14 日），地下水样每隔一天取一次，共 34 个。样品采集后立刻装入 10mL 高密度线性聚乙（HDPE）瓶中，瓶盖为密封的螺纹盖，用封口膜进行密封，并放入冰箱冷藏，以防止蒸发作用引起的同位素分馏。

　　所有地表水及地下水样过 0.2μm 滤膜后注入 1.5mL 的自动取样瓶。对于土壤水样，采用真空蒸馏技术提取土壤水样。水样的氢氧稳定同位素均在武汉大学水资源与水电工程科学国家重点实验室稳定同位素分析实验室进行分析，采用 MAT 253 同位素比质谱仪连接 Flash EA/HT 测定水样中 $\delta^{18}O$ 和 δD 的含量，$\delta^{18}O$ 和 δD 的仪器分析精度分别为 0.2‰ 和 2‰。所有水样测定结果以 V - SMOW 为标准的千分差表示为

$$\delta^{18}O = \left[\frac{(^{18}O/^{16}O)_{样品}}{(^{18}O/^{16}O)_{V\text{-}SMOW}} - 1\right] \times 1000 \tag{6.1}$$

$$\delta D = \left[\frac{(D/H)_{样品}}{(D/H)_{V\text{-}SMOW}} - 1\right] \times 1000 \tag{6.2}$$

6.2　基于稳定氢、氧同位素的水分来源及补给关系分析

6.2.1　冻土融化期水中稳定氢、氧同位素特征

1. 不同水源稳定氢、氧同位素分布特征

黑顶子流域融化期地表水、土壤水和地下水的稳定氢氧同位素大小、变化范围见表 6.1。

2015 年 $\delta^{18}O$ 位于 $-16.0‰ \sim -9.6‰$，δD 位于 $-117.2‰ \sim -84.2‰$；相应的 2016 年 $\delta^{18}O$ 和 δD 分别位于 $-15.7‰ \sim -5.5‰$、$-122.1‰ \sim -38.8‰$；2016 年不同地表水 $\delta^{18}O$ 和 δD 均比 2015 年更富集。两年均为积雪中 $\delta^{18}O$ 和 δD 最小，分别为 $-13.5‰$ 和 $-100.8‰$，$-12.8‰$ 和 $-93.3‰$，且积雪中同位素变化范围最广，变异性最大，这是因为流域内积雪受地形、土地利用类型、地表

表6.1 黑顶子流域降雨、降雪、地表水、地下水和土壤水稳定氢氧同位素分布特征

取样年份	水样类型	$\delta^{18}O$					δD				
		N	均值±均方差/‰	变异系数	极大/小值/‰	全距/‰	N	均值±均方差/‰	变异系数	极大/小值/‰	全距/‰
2015	河水	54	−11.5±1.1a	−0.10	−9.6/−13.7	4.1	54	−84.2±7.6a	−0.09	−73.9/−100.0	26.2
	积雪	6	−13.5±2.2b	−0.16	−10.7/−16.0	5.3	6	−100.8±14.2b	−0.14	−84.1/−117.2	33.2
	降雨	3	−13.4±2.4b	−0.18	−10.8/−15.3	4.5	3	−92.7±21.7ab	−0.23	−68.1/−109.1	41.0
	Surface flow	7	−12.8±1.6b	−0.13	−11.2/−15.1	3.9	7	−93.5±12.9b	−0.14	−82.3/−111.9	29.6
2016	河水	118	−7.9±0.7c	−0.09	−6.5/−9.9	3.4	118	−63.6±4.2bc	−0.07	−56.2/−77.6	21.4
	积雪	6	−12.8±2.7e	−0.21	−8.9/−15.7	6.8	6	−93.3±27.6g	−0.30	−56.3/−122.1	65.8
	降雨	3	−7.6±1.4bc	−0.18	−6.0/−8.5	2.4	3	−54.6±14.0a	−0.26	−38.8/−65.7	26.9
	积冰	13	−7.4±0.7b	−0.09	−5.5/−8.1	2.6	13	−60.3±4.0ab	−0.07	−48.3/−64.0	15.7
	Surface flow	5	−10.9±0.9d	−0.08	−9.9/−12.2	2.3	5	−81.2±7.9f	−0.10	−73.4/−92.3	18.8
	玉米田地下水	16	−8.0±0.3c	−0.03	−7.6/−8.6	0.9	16	−65.4±1.9cd	−0.03	−62.9/−68.8	5.9
	水稻田地下水	18	−6.5±0.3a	−0.04	−6.0/−6.9	1.0	18	−58.5±1.3a	−0.02	−56.2/−60.6	4.4
	玉米田土壤水	8	−8.4±1.1c	−0.13	−7.1/−9.7	2.6	8	−71.6±8.6e	−0.12	−59.4/−80.6	21.2
	水稻田土壤水	6	−7.7±0.9bc	−0.11	−6.6/−8.4	1.8	6	−68.9±5.3de	−0.08	−62.6/−74.9	12.3

植被、风吹雪等作用的影响，分布不均匀（杨针娘等，1993）。2015 年仅取了地表水，河水尤其是主河道水中同位素最为富集，$\delta^{18}O$ 和 δD 分别为 $-11.5\permil$ 和 $-84.2\permil$，且变异性最小，主要是因为河道尤其是主河道中的水在汇集的过程中经历了更多的分馏环节与时间。2016 年地表水中河道积冰融水中 $\delta^{18}O$ 最为富集，为 $-7.4\permil$，且变异性最小，降雨中 δD 最为富集，为 $-60.3\permil$；土壤水和地下水中水稻田地下水同位素最为富集，$\delta^{18}O$ 和 δD 分别为 $-6.5\permil$ 和 $-58.5\permil$，且变化范围和变异性最小，说明在整个融化期冻土层减弱甚至隔绝了融雪水对地下水的补给。此外，水稻田土壤水和地下水同位素比玉米田土壤水和地下水同位素更为富集。由于支流两侧主要为玉米田，其 $\delta^{18}O$ 和 δD 大小位于积雪和玉米田土壤水与地下水之间，说明支流的水分同位素是融雪水与土壤水或地下水混合的结果；主河道河水中 $\delta^{18}O$ 和 δD 平均值大于支流，且变化范围与变性更大，说明有其他富含 $\delta^{18}O$ 和 δD 的水源汇入，通过表 6.1 可知，这些水源可能是河岸两边水稻田的土壤水、地下水或者主河道内积冰融水。

图 6.2 为 2015 年和 2016 年融化期稳定同位素 $\delta^{18}O$ 和 δD 之间的关系，图中黑色直线为全球降水线，灰色直线为第二松花江当地降水线，由于黑顶子河流域为第二松花江流域的子流域，所以可以将该直线近似看作是黑顶子河流域的当地降水线。黑顶子河流域 2015 年冻土融化期降水线（积雪与降雨 $\delta^{18}O$ 和 δD 拟合直线）为 $D = 7.41\delta^{18}O + 1.86$，2016 年为 $\delta D = 8.64\delta^{18}O + 15.31$，接近于全球大气降水线，但与当地大气降水线偏离较远，位于其右下方。两年干支流同位素值均位于融化期降水线和当地降水线之间，且干流比支流更富集。但是2015 年干支流同位素值离融雪期降水线更近，而 2016 年则离当地降水线更近，

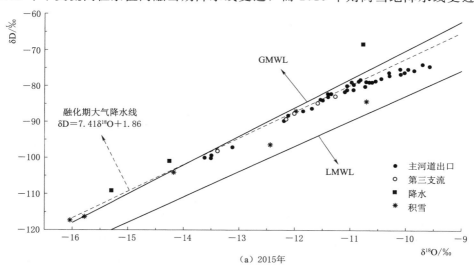

（a）2015年

图 6.2（一）　融化期稳定同位素 $\delta^{18}O$ 和 δD 之间的关系

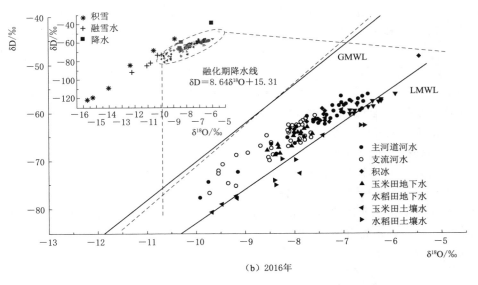

（b）2016年

图 6.2（二） 融化期稳定同位素 $\delta^{18}O$ 和 δD 之间的关系

说明 2015 年融雪水对流域产流量贡献更大，而 2016 年流域产流中融雪水对河水的贡献量小于地下水或土壤水的贡献量。2016 年，玉米田地下水和融冰水均落在当地降水线和融化期降水线之间，且更接近于当地降水线；而水稻田地下水、土壤水以及玉米田土壤水同位素值则比较均匀地落在当地降水线上或者两侧，说明土壤水和地下水主要来自于冻结前的降雨入渗。

2. 河水稳定同位素及氘盈余随时间的变化特征

由于 δD 和 $\delta^{18}O$ 具有良好的线性相关性，且 $\delta^{18}O$ 更加稳定，因而此后所有讨论均以 $\delta^{18}O$ 为主。

图 6.3 为 2015 年和 2016 年融化期河道中稳定氧同位素和氘盈余随时间的变化特征。由图 6.3 可知，2016 年进入稳定的融雪产流阶段前有一次短时间的降雨导致的融雪产流，整个融化期河水中 $\delta^{18}O$ 最小值就出现在该阶段，此时主河道与支流 $\delta^{18}O$ 比较相近，为 $-9.3‰$ 左右，主要因为产流时间短、温度低，冻土层及河道中积冰尚未融化，降雨导致的融雪水与土壤水混合程度相对较小，产流主要体现融雪水和降雨的同位素特征。

在融雪产流初期（阶段 I 初期），河水 $\delta^{18}O$ 迅速上升（2015 年融雪产流前无短期产流，因而有一个先下降的过程），是整个融化期变化最剧烈的阶段，原因主要有两个：①在冻结过程中，温度梯度使土壤水向表层聚集，加之融雪产流前降雨及短期升温导致的部分积雪融化入渗，导致表层土壤含水率很高（融雪产流初期 2015 年玉米田和水稻田表层 10cm 土壤含水率分别为 25.03% 和

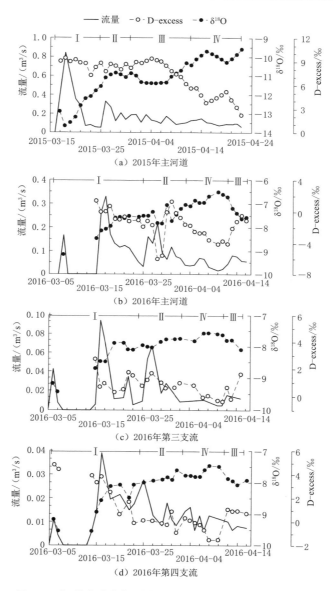

图 6.3　河道中稳定氧同位素和氘盈余随时间的变化特征

44.68％，2016 年玉米田和水稻田表层 10cm 土壤含水率分别为 32.12％ 和 57.73％），融雪水与大量 $\delta^{18}O$ 较高的土壤水混合，导致同位素丰度迅速增加；②冻土层的存在抑制了土壤入渗，融雪水会聚集在地表，使表层土壤饱和或形成地表积水，此时蒸发更接近于水面蒸发，加之较高的温度，使得蒸发分馏作用明显，因而 $\delta^{18}O$ 迅速增加。此外，2016 年这种上升趋势持续了 4～5

天，而 2015 年则持续了 11 天，这主要是因为 2015 年融雪产流初期温度较低，因而冻土融化速率较慢，融雪持续时间更长，融雪水与土壤水混合持续时间更长。

融雪产流后期（阶段Ⅰ后期），积雪融化殆尽，没有融雪水的补充，河水来源为产流初期入渗水与进一步融化土壤中土壤水的混合，且随着土壤融化深度的增加，产流形式从地表产流逐渐转变为壤中流，受地表蒸发作用减弱，因而在融雪产流后期，$\delta^{18}O$ 缓慢增加。

在冻土融化活跃期（阶段Ⅱ），主河道 $\delta^{18}O$ 上升速度明显快于支流，原因可能有两个：①该阶段温度较高，流量减小后流速变慢，主河道中河水停留时间更长，因而受蒸发作用影响更明显；②主河道两侧多为水稻田，土壤含水率较高，冻土层底部冻土融化产出水分抬高了地下水位，同时该阶段流量减小，河道水位下降，使得河水与两岸地下水水位差增加，从而使得 $\delta^{18}O$ 较高的水稻田地下水补给河道水，与河水发生混合作用。

在降雨产流期（阶段Ⅲ），$\delta^{18}O$ 较低的雨水混入导致河水同位素迅速下降。在阶段Ⅳ，$\delta^{18}O$ 值则均呈增加趋势，且最大值均出现在流量最小或者接近最小的时候。

阶段Ⅰ以及阶段Ⅳ与前一阶段的过渡阶段 2015 年 $\delta^{18}O$ 值的变化范围均远大于 2016 年，这主要是因为在阶段Ⅰ 2015 年积雪融化持续的时间更长，蒸发蒸馏更严重，2015 年阶段Ⅳ之前为降雨产流阶段，降雨之后往往地表蒸发更严重，而 2016 年阶段Ⅳ之前则是融雪产流后期，蒸发相对较小。此外，2016 年第四支流 $\delta^{18}O$ 值的变化范围大于第三支流，这主要是因为第四支流汇流区坡度较小，因而汇流时间更长，一方面与土壤接触混合更充分，另一方面受蒸发作用影响时间更长。

2015 年和 2016 年干支流 D-excess 的变化趋势与 $\delta^{18}O$ 的变化趋势相反，均呈现阶段Ⅰ和阶段Ⅱ较大，阶段Ⅲ和阶段Ⅳ较小的规律，其原因是 D-excess 主要受降水再蒸发的影响，降水再蒸发越强烈，D-excess 值越大（顾慰祖，2011），阶段Ⅰ和阶段Ⅱ产流中有很大一部分来自于融雪水，这部分水分冻结期经历了挥发作用，融化期又经历了强烈的蒸发作用，因而 D-excess 值更大。2016 年第三支流显著产流后两天，虽然 D-excess 有波动，但整体上小于 -9，而第四支流在阶段Ⅰ则大于 -9，甚至大于 -8，从而验证了上面的结论：第四支流受蒸发作用影响更大。

通过以上分析可知，在季节性冻土融化期，冻土融化过程和降雨是控制河水稳定同位素在时间上变化的主要因素，而地形因素则是控制河水同位素在空间上变化的主要因素。

3. 主河道与支流中同位素差异

表 6.2 和表 6.3 为 2015 年和 2016 年融化期支流与主河道水样稳定同位素 $\delta^{18}O$ 结果分析。由表 6.2 可知，整个融化期主河道中 $\delta^{18}O$ 显著大于支流，且主河道中 $\delta^{18}O$ 在时间上的变异性均大于支流。这是因为主河道两侧包含更多的下垫面信息和地形信息，导致汇入主河道的水分更加多元化，比如水稻田地下水补给，两岸生活用水，其中生活用水来自于当地深层地下水。河道内融冰也会贡献 $\delta^{18}O$ 相对较大的水，尤其是后期深层冰融化时。由图 6.4 可知，主河道内冰 $\delta^{18}O$ 自上而下呈增加趋势，主要是因为底层冰主要来自于冻结过程中水稻田土壤水或浅层地下水，而表层冰则主要来自于冻结期短期升温导致的积雪融水。

表 6.2　　2015 年融化期支流与主河道水样稳定同位素 $\delta^{18}O$ 结果分析表　　‰

取样点		3 月 18 日	3 月 23 日	3 月 27 日	4 月 3 日	4 月 18 日	均值±均方差	差异系数
支流	第三支流	−13.4	−12.2	−11.6	−12.0	−11.3	−12.1±0.7a	−0.06
主河道	B	−13.1	−11.7	−10.9	—	−10.7	−11.6±0.9a	−0.08
	C	−13.6	−12.1	−11.1	−11.5	−10.6	−11.8±1.0a	−0.09
	D	−13.5	−11.9	−11.1	−11.5	−10.7	−11.7±0.9a	−0.08
	E	−13.5	−12.2	−10.0	−11.4	−10.6	−11.5±1.2a	−0.11
	出口	−13.7	−11.8	−11.0	−11.4	−10.1	−11.6±1.1a	−0.10
均值±均方差		−13.5± 0.2c	−12.0± 0.2b	−10.9± 0.5a	−11.6± 0.2b	−10.7± 0.3a	—	—
差异系数		−0.01	−0.02	−0.04	−0.02	−0.03	—	—

注　a、b、c、d 表示各下垫面在不同取样时间之间在 5% 显著性水平的差异显著程度。

表 6.3　　2016 年融化期支流与主河道水样稳定同位素 $\delta^{18}O$ 结果分析表　　‰

取样点		3 月 16 日	3 月 21 日	3 月 28 日	4 月 5 日	4 月 13 日	均值±均方差	差异系数
支流	第一支流	−8.5	−8.0	−7.8	−7.6	−7.7	−7.9±0.3bc	−0.04
	第二支流	−8.5	−8.1	−7.7	−7.6	−7.7	−7.9±0.3bc	−0.04
	第三支流	−8.5	−7.9	−7.9	−7.8	−7.8	−8.0±0.3c	−0.03
	第四支流	−8.6	−7.9	−7.9	−7.8	−8.0	−8.0±0.3c	−0.03
	第五支流	−8.4	−8.1	−7.7	−7.9	−7.9	−8.0±0.2c	−0.03
主河道	A	−7.8	−7.5	−7.0	−6.6	−7.3	−7.2±0.4a	−0.06
	D	−8.0	−7.4	−6.9	−6.7	−7.1	−7.2±0.5a	−0.06
	E	−7.9	−7.4	−6.9	−6.6	−7.1	−7.2±0.5a	−0.06
	出口	−8.1	−7.6	−7.3	−6.9	−7.2	−7.4±0.4ab	−0.06

续表

取样点	3月16日	3月21日	3月28日	4月5日	4月13日	均值±均方差	差异系数
均值±均方差	−8.3±0.3c	−7.8±0.3b	−7.5±0.4ab	−7.3±0.5a	−7.5±0.3ab	—	—
差异系数	−0.03	−0.04	−0.06	−0.07	−0.04	—	—

注 a、b、c、d 表示各下垫面在不同取样时间之间在 5% 显著性水平的差异显著程度。

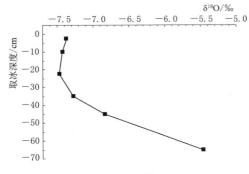

图 6.4 主河道冰 $\delta^{18}O$ 垂直分布

此外，主河道相比于支流坡度小，河道长且宽，河道中有四个节制闸，闸前后有不同程度的壅水，因而主河道水面面积、河水在主河道中停留的时间远大于支流，受蒸发作用影响更大。比较不同时段支流与干流的差异可以发现，在冻土融化活跃期最为显著，在融雪初期二者差异最小，其次是降雨产流期，说明水循环活跃期流域同位素差异性较小。

4. 土壤水稳定同位素特征

受冻结过程中温度梯度影响，水稻田和玉米田表层土壤含水率远大于其他土层，水稻田甚至出现了过饱和现象。由表 6.2 可知，水稻田土壤水 $\delta^{18}O$ 平均值分别为 −7.7‰，大于玉米田（−8.4‰），且在图 6.2 中，水稻田壤水大部分点均位于当地降水线右下方，而玉米田土壤水则位于当地降水线上或者左上方，说明水稻田土壤水受到了更强烈的蒸发作用。

图 6.5 为玉米田和水稻田不同土层土壤含水率和同位素分布。由图 6.5 可知，玉米田土壤水 $\delta^{18}O$ 值由表层至深层呈逐渐减小的趋势，水稻田则表层小，深层大。这是因为，玉米田水分主要来自大气降雨，深层土壤及地下水受蒸发作用较小，$\delta^{18}O$ 较小，而表层土壤受蒸发作用影响明显，$\delta^{18}O$ 则较大。水稻田地下水及深层土壤水主要来自于种植期灌溉入渗水，这些水主要来自降雨，在灌溉前后分别在水库和水稻田中经历了很长时间的水面蒸发作用，因而 $\delta^{18}O$ 很大，而表层土壤水主要来自于秋冬季降水及融雪水入渗，冻结作用有效减少了蒸发，因而 $\delta^{18}O$ 相对深层土壤水更小。

5. 地下水稳定同位素特征

图 6.6（a）为第四入流河岸、岸边玉米田地下水水位和同位素以及河水同位素随时间变化图。由图 6.6（a）可知，玉米田地下水水位 3月15日之前呈缓慢上升趋势，3月15—17日有 7cm 的下降，此后缓慢上升；$\delta^{18}O$ 值 3月31日之

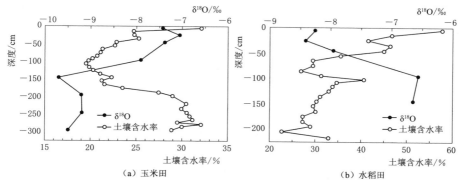

（a）玉米田　　　　　　　　　　　（b）水稻田

图 6.5　土壤含水率和同位素分布

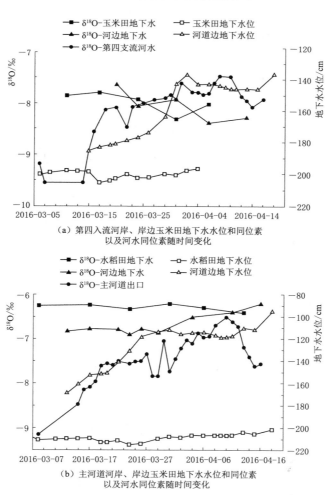

（a）第四入流河岸、岸边玉米田地下水位和同位素
以及河水同位素随时间变化

（b）主河道河岸、岸边玉米田地下水水位和同位素
以及河水同位素随时间变化

图 6.6　地下水、河道产流中 ^{18}O 同位素丰度以及地下水水位随时间的变化

前大于支流河水 $\delta^{18}O$ 值，且呈减小趋势，3 月 31 日之后呈增大趋势，但 $\delta^{18}O$ 值小于河水的 $\delta^{18}O$ 值。玉米田河道岸边地下水位 3 月 15 日之前未观测到地下水，自 3 月 15 日起，逐渐增加，且 3 月 25 日之后增加速度逐渐加快，直至 4 月 4 日左右逐渐稳定下来；其 $\delta^{18}O$ 值初始时较大，在水位急剧上升阶段与河道 $\delta^{18}O$ 值接近，4 月 12 日以后逐渐减小，原因可能是地下水井壁破裂导致的地表融雪水入渗。

　　图 6.6（b）为主河道河岸、岸边水稻田地下水水位和同位素以及河水同位素随时间变化图。由图 6.6（b）可知，水稻田地下水位 3 月 15 日之前比较稳定，3 月 15—24 日呈减小趋势，此后呈缓慢增加的趋势；整个融化期水稻田地下水的 $\delta^{18}O$ 值呈减小趋势，但变化较小，且始终处于河水 $\delta^{18}O$ 值之上。水稻田相邻河岸地下水位自河道产流起，水位迅速增加，直至 3 月 27 日左右稳定下来，并在 4 月 12 日进入降雨产流期后再一次上升，其变化幅度大于同期水稻田地下水水位变化幅度；在地下水水位上升阶段，其 $\delta^{18}O$ 值变化较小，水位稳定后，其 $\delta^{18}O$ 值与河水 $\delta^{18}O$ 值变化趋势一致，逐渐增加，主河道河岸地下水 $\delta^{18}O$ 值与水稻田地下水 $\delta^{18}O$ 值一样，始终大于河水的 $\delta^{18}O$ 值。

6.2.2　上游支流水分来源及补给关系分析

　　图 6.7 为 2016 年融化期第四支流流量、第四支流河边地下水水位及附近玉米田地下水水位随时间变化。由图 6.7 可知：①第四支流河道地下水井融雪产流前未观测到地下水，融雪产流开始后出现地下水，且水位上升速度远大于与其相近的玉米田地下水水位上升速度；②河道地下水水位显著上升的起始日期正是河道中积冰因河水侵蚀逐渐与河道脱离浮起的日期，这样会使得河水有更

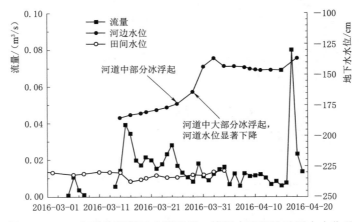

图 6.7　2016 年融化期第四支流流量、第四支流河边地下水水位及
附近玉米田地下水水位随时间变化

多的入渗或者接受补给的面积，但是在河岸地下水水位上升阶段，河道内流量减小，水位下降，说明不是地下水补给河道，而是河道补给地下水。同样的，在 3 月 31 日之前，玉米田地下水中同位素值呈下降趋势，其原因有可能是底层冻土融化导致的深层同位素较贫的土壤水补给或者河道融雪水从地下的补给，河道地下水同位素值在 3 月 31 日之前同样呈减小趋势，且几乎与河道产流中同位素值重合，说明其水分来源主要是河道补给（31 日之后同位素呈急剧的下降趋势是因为河道施工损坏了地下水观测井的管壁，导致表层融雪水入渗所致）。

　　综合上述分析，可以确定在 2016 年融雪产流期，4 月 2 日之前河道水补给地下水，4 月 3—12 日处于河道和地下水平衡状态，4 月 12 日以后由于玉米田和河道地下水井因河道施工和农田耕作损坏，无法取样，因而不能确定河道和地下水的补给关系。

　　此外，融雪产流期河道中水分主要来自地表融雪水、土壤水或者地下水，排除了地下水补给，那么基本可以确定产流主要来自地表融雪水和土壤水。为进一步论证该观点，采用端元混合图法来分析融化期支流河道产流中水分来源。

　　图 6.8 为第四支流河道中各阶段产流及各水源同位素值与 SiO_2 浓度之间的关系。由图 6.8 可知，降雨和积雪中同位素值较小，且 SiO_2 浓度非常低，地下水同位素值稍大于第一阶段河道产流同位素值，但小于第三、第四阶段产流同位素值，与第二阶段产流同位素值相当。但是，地下水 SiO_2 浓度范围远小于河道产流中 SiO_2 浓度，所以不可能是与融雪或者降雨端元对应的另一端元。由于已知玉米田表层土壤水同位素丰度为 -7.91 到 -7.06，冻融循环破坏了土壤结构（王风等，2009），对土壤中的硅酸盐矿物起到了类似于"风化"作用，且土

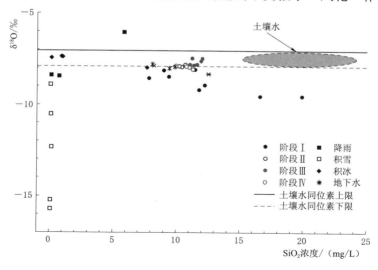

图 6.8　第四支流河道产流及各水源同位素值与 SiO_2 浓度之间的关系

壤冻结使得土壤通气性变差，内部营造厌氧环境，CO_2 浓度升高（Matzner, et al.，2008），融化的积雪提供了水分，促使表层土壤中一定量的硅酸盐矿物溶解（张永爱等，1955），因而表层土壤水硅酸盐浓度应较大，即如图 6.8 中灰色区域所示，把土壤水作为另一个端元则可以很好地解释第四支流各阶段河道中水分的来源。因此，可以确定融雪产流期上游支流水分主要来自于融雪水和土壤水。

6.2.3 干流与地下水的补给关系分析

图 6.9 为 2016 年融化期流域出口流量、干流河岸地下水水位及干流河岸边水稻田地下水水位随时间变化图。由图 6.9 可知，主河道河岸地下水井在融雪产流前并未观测到地下水，在发生融雪产流后才观测到地下水水位，且河岸地下水水位上升速度非常迅速，而水稻田地下水水位则变化平缓，甚至在 3 月 17—22 日之间有下降趋势，说明融雪产流初期，河道水补给地下水。

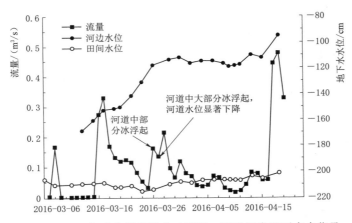

图 6.9 2016 年融化期流域出口流量、干流河岸地下水水位及
干流河岸边水稻田地下水位随时间变化图

3 月 19—21 日，因为降温导致河道内水量迅速下降，河岸地下水水位增加速度也随之变缓；3 月 21—27 日，虽然河道流量下降，河岸地下水水位却进一步上升，且上升速度加快，再一次证明该段时间是河水补给地下水（否则上升的河岸地下水水位会使河道内流量增加），地下水水位上升速度增加的原因可能是河水与两岸之间的冻土融化殆尽，由于河道内冰的顶托，河道内水位较高，以较快的速度从两侧河岸入渗补给地下水；3 月 26—28 日，由于河水的侵蚀作用，河道内的冰与河床之间逐渐分离形成浮冰，这样导致河道内水位会大幅下降，因而该阶段河岸地下水水位上升速度变缓，但是河冰的浮起同时也增加了河水对地下水的补给面积，因此从 3 月 26 日之后，水稻田的地下水水位上升速

度逐渐增加。

由上文分析结果可知，水稻田地下水位呈缓慢增加趋势，其 $\delta^{18}O$ 值始终大于河水 $\delta^{18}O$ 值，且呈缓慢下降趋势，说明有低 $\delta^{18}O$ 值水源补给，而河岸地下水 $\delta^{18}O$ 值始终位于河水和水稻田地下水之间，且与河水 $\delta^{18}O$ 值变化趋势基本一致，再一次说明 2016 年冻土融化期主河道内河水补给地下水。

进入 4 月以后，河岸地下水位基本稳定，水稻田地下水水位基本保持不变，河道与地下水之间基本达到平衡状态，4 月 12 日开始，密集的降雨使得河道内流量剧增，水位上升，河岸地下水水位也迅速增加，其增加速度远大于水稻田地下水水位增加速度，说明该阶段仍是河水补给地下水。

综合上述分析可知，2016 年融化期，整个融化阶段均为河水补给地下水，期间会达成短时间的平衡。

6.3 季节性冻融区流域水文过程及影响因素总结

本书第 2 章对冻土融化期土壤水分的迁移规律做出了分析，4.3 节对冻土融化期流域水文特征及影响因素做了详细的分析，6.2 节对冻土融化期流域水分来源以及河水和地下水之间的补给关系做出了详细的分析。本节将综合以上分析结果，简单地概化出 2016 年冻土融化期流域的水文过程，并结合第 4 章部分（气象因素对产流的影响）总结影响各产汇流环节的因素。

图 6.10 为融雪产流前流域水分分布及地下水井布置图。融雪产流前，流域内水分主要由五部分构成：①地表积雪；②河道、塘堰、低洼处或地表的冰；③冻土层内冻结成冰晶（含少量未冻水）的土壤水；④冻土层与地下水之间的

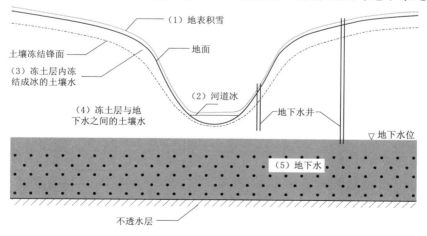

图 6.10 融雪产流前流域水分分布及地下水井布置

土壤水；⑤地下水。

影响各部分水分储量的因素有：①冻结前降雨量，土壤冻结前降雨量越大，土壤初始含水量越高，地下水位越高，一方面冻结后土壤存储水分越多；另一方面土壤水以及地下水对河水的补给量越多，导致河内及低洼处积冰量更大；②冻结期降雪在时间上的分布，降雪出现的时间越早，土壤温度受大气温度影响越小，一般来说冻结深度越浅，同时积雪受冻结期升温影响的概率越大，因而导致更多的积雪融化再冻结，进而以冰的形式存在于地表和河道内；③冬季升温的幅度及持续时间，冻结温度升到零度以上会导致积雪的融化，升温次数越多，时间越长，地表积雪量越少，积冰量越大，融雪水入渗也会导致表层土壤含水量增加。

图 6.11 为阶段 I 初期流域水分迁移路径图，该阶段地表积雪刚开始融化，受融雪水影响，表层冻土部分融化。远离河道的积雪融化后在融雪点附近的地表低洼处汇聚，尚未与河道形成水力联系，近河道（河道冰面，河岸以及靠近河道与河道水力联系较好的低洼地区）积雪融化后以地表产流的方式汇入河道，受河道冰上积雪的阻塞，水分在河道内一边聚积一边融雪，待河道内积雪融化殆尽，形成冰上径流。由于受河冰及积雪覆盖的影响，河岸处冻土层深度较浅，在与冰上径流长时间的接触过程中很快融通，冰上径流通过与之接触的河岸补给地下水，河岸地下水位从无到有，缓慢上升。此时，冻土层底部冻土也缓慢融化，但冻土层底部融化导致的水分变化相对较小，因此可以忽略其对地下水的补给。

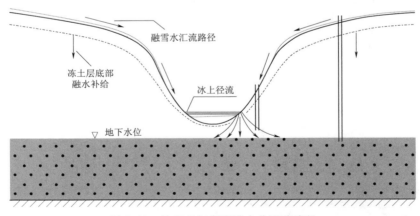

图 6.11　阶段 I 初期流域水分迁移路径

影响该阶段产流量及产流路径的因素主要有：①地表水分存储形态（雪或冰），当融雪产流前地表水分以积雪的形式存在时，由于河道内积雪的阻塞作用，该阶段产流时间会滞后于温度上升的时间，同时会出现突发性的产流

（2015 年和 2016 年），而当地表水以冰的形式存在时，则出现渐进式的产流；②冻土内水分（冰）饱和程度，土壤初始含水率越高（2014 年），或者冻结期有融雪水入渗，均会导致表层冻土含冰量更高，一方面使土壤入渗率越小；另一方面使冻土融化速度更慢，进而在产流初期使得更多的水分以地表径流的形式汇入河道。

图 6.12 为阶段 I 中后期流域水分迁移路径图。此时，积雪已经大部分融化，冻土表层融化，远离河道的区域融雪水在低洼处汇集后在冻土层以上形成饱和带，甚至水位升至地表形成地表积水，进而以地表径流或壤中流的形式与主河道形成水力联系，此时河道内流量最为显著。河道内的径流逐渐侵蚀河冰，

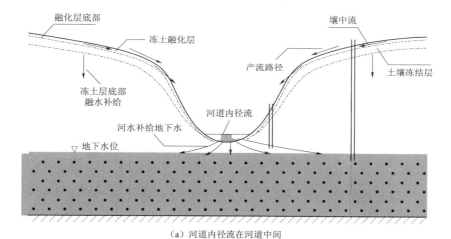

（a）河道内径流在河道中间

（b）河道内径流靠近河岸

图 6.12　阶段 I 中后期流域水分迁移路径

在顺直河道处，由于河道中间位置流量最大，因而侵蚀位置往往在河道中间
[图6.12（a）]，而在有一定弯曲的河道内，由于水流受惯性作用冲刷河道一侧，
因而侵蚀位置往往出现在河岸凸侧 [图6.12（b）]。当河水侵蚀到河岸时，便沿
着河岸侵蚀河冰的底部，进而逐渐扩大河水补给地下水的面积，使得河岸边地
下水位迅速上升。影响流域产汇流过程的因素有：①冻土融化速率，冻土融化
速度越快，越多的融雪水入渗为土壤水，产流量越小；②大气温度，由图5.1
可知每次融雪产流后均会有一次显著的降温，导致融雪水、河道内径流以及表
层冻土再次冻结，此时流域水分只能通过土壤水补给河道，由于没有进一步融
雪、融冰水的补给，且低温冻结还导致已融水以冰的形式再一次存储，导致河
道内径流量迅速减小，且河道内往往会出现夹冰径流；③地表水存储形态（冰或
雪），当地表水以冰的形式存储时，其接受太阳辐射的面积更小，融化速度更慢，显
著产流持续时间更长，而以积雪形式存在时，接受太阳辐射面积更大，水分释放速
度更快。

　　图6.13为阶段Ⅱ时流域水分迁移路径图，此时大气温度再一次增加，未融
化的冰雪进一步融化，受上次低温再冻结的融雪水以及河冰也重新融化补给土
壤水和地表水，因此河道流量有所回升，但远小于第一次融雪产流。随着冻土
层的进一步融化，更多的水分以壤中流的形式汇入河道。河水一方面沿着河道
进一步冲刷河冰；另一方面沿着河道底部侵入河冰与河道的结合面，导致河冰
与河道逐渐脱离，形成浮冰。河道积冰的脱离，一方面会增加河道的储蓄水量，
河道水位下降，流域出口流量减小；另一方面增加了河水补给地下水的面积，
会使得河水补给地下水的速度迅速增加。此时主要影响因素为冻土融化速率和
地表水分存储形态，影响方式与阶段Ⅰ分析一致。

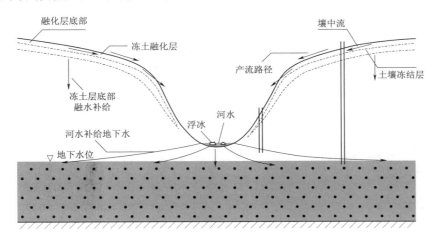

图6.13　阶段Ⅱ河道内冰浮起时流域水分迁移路径

图 6.14 为阶段Ⅲ即降雨产流阶段的流域水分迁移路径图，由于此时冻土层仍未消失，长时间的降雨一方面足以饱和冻土层以上的土壤，形成地表径流和壤中流，汇入河道，使得河道水位、流量迅速增加；另一方面雨水可穿透较薄的冻土层，一方面加速了冻土层的融化；另一方面补给了地下水。由于河道水位上升速度远大于和快于地下水位上升速度，因此，部分河道水通过入渗进一步补给地下水，使得河岸地下水位上升速度大于两岸农田地下水位上升速度。

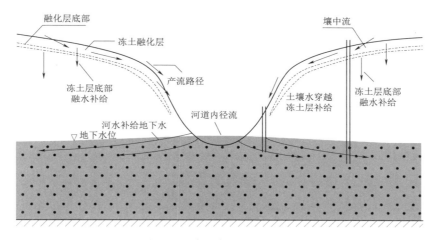

图 6.14　阶段Ⅲ（降雨产流）流域水分迁移路径

该阶段影响流域水文过程的因素主要有：①降雨出现时间，第 4 章分析可知，降雨出现时间越早，冻土层融化深度越浅，饱和冻土层以上土壤所需水量越小，径流系数越大；②冻土融化深度：冻土层融化深度越浅，一方面如前所述饱和冻土层以上土壤消耗水量越少；另一方面入渗补给地下水的水量也越少。

图 6.15 为阶段Ⅳ流域水分迁移路径图（2016 年降雨产流阶段比较之后，因此将阶段Ⅱ与降雨产流阶段之间划为阶段Ⅳ），此时冻土层已经很薄，"隔水层"作用已经很弱，冻土层以上的饱和土壤水穿过冻土层集合冻土层下部融化水分一起补给地下水。由于冻土层进一步融化，融雪融冰水逐渐难以饱和冻土层以上的土壤，流域汇流面积逐渐萎缩，河道内流量逐渐减小。经过长时间的河水对地下水的补给，以及现阶段土壤水对地下水的补给，地下水位尤其是近河道的地下水位逐渐稳定下来，河水与地下水逐渐达到平衡状态。影响该阶段产汇流的主要因素是冻土融化深度。

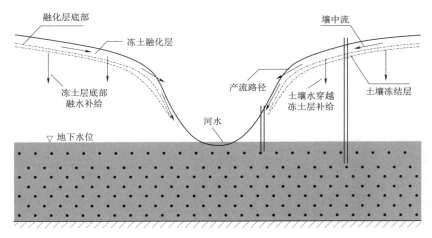

图 6.15　阶段Ⅳ流域水分迁移路径

6.4　结论

本章基于水中稳定氢氧同位素和硅酸根离子浓度分析了冻土融化期流域水分的来源与迁移路径，并结合前面几章的分析结果概化出了季节性冻融区融化期水文过程。得到以下结论：

冻土融化期，河道产流主要来自融雪水和土壤水；融化初期，河道水补给地下水，补给受河冰的影响，河冰浮起前后补给速度最快，后期河水与地下水达到补给平衡，降雨产流后随着河道水位的上升，河水再一次补给地下水。

整个冻土融化期典型融雪产流过程可以概括为以下六个阶段：①融雪产流前，地表水各部分储量主要受冻结前降雨量、冻结期降雪量及其在时间上的分布、冬季升温的幅度及持续时间三个因素的影响；②阶段Ⅰ初期，远河道区域尚未与河道建立起水力联系，河道内及河道附近冰雪融化以地表产流形式汇入河道中，形成冰上径流，再通过河道两岸入渗补给地下水，影响该阶段产流量及产流路径的因素主要是地表水分存储状态（冰或雪）以及冻土内水分（冰）饱和程度；③阶段Ⅰ中后期，远离河道区域通过地表径流或壤中流与河道建立起水力联系，产流显著，河道内径流侵蚀河冰，扩大了河水补给地下水的面积，使得地下水位上升速度增加，影响流域产汇流过程的因素主要是冻土融化速率、大气温度以及地表水存储状态；④阶段Ⅱ时，随冻土进一步融化，水分更多地以土壤中流形式入河，随着侵蚀程度增加，河冰浮起，一方面增加了河道储蓄量，使流域出口流量出现显著减小；另一方面增加了河水补给地下水的面积，使补给速率迅速增加，其影响因素为土壤融化速率和地表水分存储状态；⑤阶段Ⅲ长时间的降雨形成地表径流和壤中流，雨水入渗一方面加速了冻土层的融化；另一方面穿透较薄的冻土层补给地下水，由于河道水位上升速度大于地下水位，该阶段仍为河道水补给地下水，影响因素为降雨出现时间以及冻土融化深度；⑥阶段Ⅳ水分主要以壤中流形式入河和补给地下水，河水和地下水逐渐达到平衡状态，影响流域产汇流的因素为冻土融化速度。

本 章 参 考 文 献

顾慰祖. 同位素水文学 [M]. 北京：科学出版社，2011.

王风，韩晓增，李良皓，等. 冻融过程对黑土水稳性团聚体含量影响 [J]. 冰川冻土，2009（5）：915-919.

杨针娘，杨志怀，梁凤仙，等. 祁连山冰沟流域冻土水文过程 [J]. 冰川冻土，1993，15（2）：235-241.

张永爱，王爱玲. 高含硅地下水成因的热力学分析 [J]. 地下水，1995，17（4）：147-148.

MATZNER E，BORKEN W. Do freeze-thaw events enhance C and N losses from soils of different ecosystems? A review [J]. European Journal of Soil Science，2008，59（2）：274-284.

第 7 章

冻土融化期氮素来源及产出路径分析

本章结合第 4 章产流观测数据、第 5 章氮素观测数据和第 6 章水中氢氧同位素观测数据，研究融雪产流过程中随着积雪和冻土的融化，氮素来源和产出路径的阶段性变化规律，寻找一种可以有效界定其变化阶段的方法，并确定影响融雪产流各阶段氮素来源和产出路径变化的关键因素。

7.1　研究背景及目的

春季融雪期氮素的释放对土壤和水生态系统有较大的影响·（Townsend - Small et al. ，2011），特别是在融雪前土壤水分和氮素分布状况受农业排灌活动和施肥等影响很大的流域（Valipour，2015；Shi et al. ，2016；Valipour，2016a；Valipour，2016b；Yao et al. ，2016）。因此，识别融雪期氮素迁移路径、来源及关键影响因素，对这些地区的水氮管理具有重要意义。

氮素在积雪和土壤中的分布以及水文过程是影响融雪期流域尺度氮素迁移转化的主要因素，而这两个因素在冻融过程中又受到诸多因素的影响（Zhao et al. ，2017；Costa，et al. ，2021；Amario et al. ，2021；Painter et al. ，2021）。

从微观角度讲，晚秋和早春不稳定冻结期的冻融过程显著影响土壤氮素的转化（Song et al. ，2017；Gao et al. ，2018）。在冻结期，受温度势影响，土壤水分向上运动，导致土壤水和氮素在表层土壤中聚积（Bing et al. ，2015）。融雪初期氮素分馏过程的存在会导致脉冲型的氮素输出（Costa et al. ，2018；Costa et al. ，2021）。此外，冻土的低入渗能力延长了融雪水与高含氮表层土壤的接触时间，增加了融雪水对土壤中氮素的浸提作用，更有利于氮素的产出（Creed et al. ，1998；Zhao，et al. ，2017）。

从宏观上看，农业区流域下垫面复杂，农田、村庄和森林的氮素来源、水文过程存在较大差异（Jiang et al. ，2010；Jiang et al. ，2012；Wilson et al. ，2019）。即使在农田中，由于灌溉、施肥和耕作方式的不同，土壤水-氮的分布和水文过程也存在很大区别（Ouyang et al.，2013；Zhao et al.，2017）。土壤冻融过程以及风吹雪会进一步加剧这些差异（Williams et al.，1998；Cheng et al.，2021；Wang et al.，2021）。此外，流域坡度、坡向等基本地形特征也会影响积雪的分布和太阳辐射的吸收，进而影响融雪产流期水分和氮素的来源和产出路径（Hinckley et al.，2014；Zhang et al.，2020）。

　　融雪过程中影响水分和氮素产出的因素在不同融雪阶段是不同的（Liu et al.，2013；Kepski et al.，2016；Zhao et al.，2017）。例如，氮素的融雪分馏过程、表层土壤氮素的含量以及冻土入渗能力的削弱是融雪初期水氮产出过程的主要控制因素（Ireson et al.，2013；Zhao et al.，2017；Costa，et al.，2018）。然而，随着积雪和冻土的融化，水分和氮素的来源和迁移路径也会发生变化（Creed et al.，1998；Zhao et al.，2021）。本书前几章对该流域的研究也表明，$NO_3^- - N$ 的输出主要来自玉米地，这些玉米地分布在地形陡峭、入河路径较短的区域，而 $NH_4^+ - N$ 输出主要发生在早期融化阶段，主要来自沿河的农村区域（Zhao et al.，2017）。因此，在不同的融雪阶段，水分和氮素的产出过程有很大的不同。例如，Hayakawa 等（2003）发现，融雪初期氮素浓度变化剧烈，后期趋于稳定。此外，他们发现在融雪初期 $NH_4^+ - N$ 浓度高于 $NO_3^- - N$ 浓度，而在融雪后期则相反。Darrouzet - Nardi 等（2012）的研究表明，在融雪的初始阶段，大量的 $NO_3^- - N$ 被沿着山坡输送到被森林覆盖的亚高山地区，而没有被土壤微生物同化。在融雪初期氮素"脉冲式"的产出后，进入河流的 $NO_3^- - N$ 迅速减少，而且大部分是来自微生物的转化。Liu 等（2013）发现影响早期和晚期融雪径流中总氮加权平均浓度的最重要变量分别是施氮量和 SWE。然而，上述研究大多根据融雪径流量或水文/气象的变化划分融雪阶段（Hayakawa et al.，2003；Darrouzet - Nardi et al.，2012；Liu et al.，2013；Kepski et al.，2016；Lazarcik et al.，2017；Zhao et al.，2017），忽略了水分和氮素的输出过程是不同步的，并且大多数情况下控制因素也是不同的（Zhao et al.，2017；Friesen - Hughes et al.，2021）。在研究不同融雪阶段的氮素来源、产出过程或影响因素时，使用这些方法可能会导致一定的偏差或错误。此外，针对这个问题的大多数研究都是在自然下垫面流域进行的。具有复杂土地利用类型和密集农业活动的流域，在融雪期氮素的来源和迁移路径方面与自然条件存在显著差异，但受到的关注却很少。

　　本章基于 2015 年和 2016 年融雪产流期对我国东北地区典型季节性冻融农业流域流量、水中 $\delta^{18}O$、$NH_4^+ - N$ 和 $NO_3^- - N$ 的监测数据，研究季节性冻融农业区融雪产流期氮素源区和迁移路径是否发生阶段性改变，并且是否可以与积雪和冻土的融化过程区分开来，综合考虑产流量、$\delta^{18}O$ 值和氮素浓度的变化，找到一种有效的方法来区分融雪期的氮素输出阶段，并确定不同融雪阶段 $NH_4^+ - N$

和 $NO_3^- - N$ 的源区、迁移路径和关键影响因素。

研究区域仍为黑顶子流域,其土地利用类型、坡度以及监测点布置情况如图 7.1 所示。

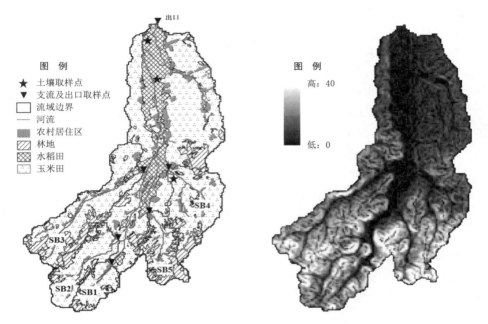

图 7.1 黑顶子流域土地利用类型、坡度以及实验监测点布置

五个子流域的信息见表 7.1。

表 7.1   五 个 子 流 域 的 信 息

子 流 域	SB1	SB2	SB3	SB4	SB5
面积/km²	3.69	6.84	12.34	9.27	5.76
河道长度/km	2.72	5.08	8.90	3.95	3.21
平均坡度(AS)/(°)	6.89	7.75	6.57	5.85	8.55
坡度小于2°面积比例(SAP<2°)/%	6.74	6.67	8.15	10.81	5.23
坡度介于2°~6°面积比例(SAP 2°~6°)/%	39.36	34.92	41.08	48.20	30.04
坡度介于6°~15°面积比例(SAP 6°~15°)/%	51.20	50.56	47.63	39.27	53.46
坡度大于15°面积比例(SAP>15°)/%	2.70	7.85	3.14	1.72	11.28
玉米地所占面积比例(MFP)/%	81.62	80.43	71.71	78.23	58.16
水稻田所占面积比例(PFP)/%	0.23	0	2.48	1.16	0.19
农村居住区所占面积比例(RAP)/%	3.58	2.88	3.70	3.38	2.84
森林所占面积比例(FAP)/%	14.58	16.69	22.12	17.24	38.80
沟道密度(GD)/(m/km²)	2718.27	2665.65	2937.97	2880.07	2992.46

7.2　融雪产流期水和氮素产出过程

2015 年和 2016 年气象条件、流域及各子流域出口产流及浓度变化如图 7.2 所示。各子流域的水分产出过程与整个流域的水分产出过程相似。2015 年 3 月中

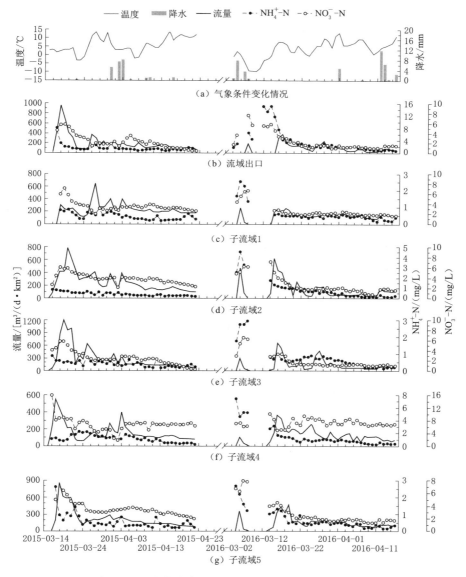

图 7.2　2015 年和 2016 年气象条件、流域及各子流域出口产流及浓度变化情况

旬，气温从−2.4℃上升至2.7℃，流量急剧增加，在融雪后2～5天达到流量峰值。全流域和子流域出水口最大流量分别为964.1m³/(d·km²) 和301.6～1204.9m³/(d·km²)，3～5天后下降至80.8m³/(d·km²) 和76.6～284.7m³/(d·km²)，此时气温降至冰点以下。2015年第二次融雪产流峰值出现在3月底，此时气温明显升高，流域和子流域出口最大流量分别为377.0m³/(d·km²) 和168.2～653.0m³/(d·km²)。随后的降雨事件很少，没有明显的径流产生。2016年的水分产出过程与2015年相似，只是在3月3—7日期间发生了一场降雨，引发了短期融雪事件。融雪初期（3月6—7日）、早期（3月15—18日）和晚期（3月25—30日）流域出水口有三个产流峰值，分别为192.4m³/(d·km²)、378.9m³/(d·km²) 和246.1m³/(d·km²)，对应的子流域出口三个峰值流量分别为103.9～475.7m³/(d·km²)、253.2～661.5m³/(d·km²) 和187.1～476.7m³/(d·km²)。

2015年融雪期NH_4^+−N浓度在融雪产流初期普遍最高，随后随着融雪的进行逐渐降低。NO_3^-−N浓度随着融雪产流量的增加而增加，在融雪初期的上升阶段其浓度达到峰值，随后下降。NH_4^+−N浓度随产流量的变化大于NO_3^-−N。2016年融雪期NH_4^+−N和NO_3^-−N浓度变化基本一致，以融雪初期最多。但是，4号子流域的NO_3^-−N浓度变化趋势与其他子流域有很大不同，在整个观测期内，NO_3^-−N浓度均保持在较高水平，没有显著的降低。

2015年融雪产流期流量高于2016年。此外，整个流域单位面积水分产出量低于大部分子流域，4号子流域单位面积水分产出量低于其他子流域。2015年和2016年流域以及子流域流量加权平均铵/硝态氮浓度分别为0.55/3.58mg/L和0.84/3.24mg/L。流域出口的NH_4^+−N平均浓度较高于2015年和2016年。4号子流域出口NH_4^+−N和NO_3^-−N平均浓度在95%的置信区间高于其他子流域（2016年NH_4^+−N浓度除外）。因此，除了2016年2号子流域出口的NH_4^+−N外，4号子流域的氮素产出量均高于其他子流域（表7.2）。

表7.2　融雪产流阶段黑顶子流域及其子流域产流、氮素浓度及产出量统计

年份	区域	产流量/[m³/(d·km²)] 均值±均方差	氮素浓度/(mg/L) 均值±均方差		氮素产出量/(kg/d) 均值±均方差	
			NH_4^+−N	NO_3^-−N	NH_4^+−N	NO_3^-−N
2015	出口	218.46±183.16bc	1.67±1.24a	2.31±1.42c	0.51±0.78a	0.75±1.13a
	子流域1	239.73±96.44ab	0.47±0.20c	3.52±0.97b	0.12±0.08b	0.83±0.33a
	子流域2	250.05±147.02ab	0.41±0.18c	3.82±0.91b	0.12±0.11b	1.13±0.89a
	子流域3	288.49±279.63a	0.41±0.18c	2.48±1.34c	0.14±0.16b	1.10±1.55a
	子流域4	158.14±107.47c	1.11±0.55b	6.77±2.12a	0.18±0.14b	1.16±0.97a
	子流域5	223.48±167.42abc	0.59±0.45c	2.56±1.07b	0.16±0.19b	1.05±1.16a

续表

年份	区域	产流量 /[m³/(d·km²)] 均值±均方差	氮素浓度/(mg/L) 均值±均方差		氮素产出量/(kg/d) 均值±均方差	
			$NH_4^+ - N$	$NO_3^- - N$	$NH_4^+ - N$	$NO_3^- - N$
2016	出口	98.56±131.31b	3.57±3.71a	2.20±1.68b	0.32±0.48a	0.21±0.32bc
	子流域1	136.14±98.86ab	0.59±0.51b	2.42±1.22b	0.08±0.10b	0.31±0.22bc
	子流域2	137.99±154.58ab	0.86±0.96b	2.45±1.60b	0.16±0.37b	0.42±0.68bc
	子流域3	141.76±150.53ab	0.75±0.68b	1.86±1.42b	0.11±0.17b	0.30±0.48c
	子流域4	125.52±120.56ab	1.41±1.60b	7.21±1.15a	0.14±0.14b	0.90±0.51a
	子流域5	153.93±119.84a	0.65±0.55b	2.69±1.75b	0.11±0.16b	0.42±0.50b

注　a、b 和 c 代表显著性差异（$P < 0.05$）。

7.3　融雪产流期水中氧稳定同位素变化规律

融雪期河道水中氧稳定同位素随时间的变化如图 7.3 所示，融雪初期 $\delta^{18}O$ 短暂下降后急剧上升，2016 年上升趋势持续了 4～5 天，2015 年上升趋势持续了 11 天。2015 年融化期 $\delta^{18}O$ 最低值出现在产流高峰期，为 -13.67，而 2016 年融化期最低 $\delta^{18}O$ 值出现在降雨导致的融雪产流期，流域出口、子流域 3 和子流域 4 分别为 -9.15、-9.45 和 -9.55。$\delta^{18}O$ 在融雪产流后期逐渐增加，在降雨事件出现时下降。流域出口 $\delta^{18}O$ 的上升速度明显快于子流域。2015 年融化期 $\delta^{18}O$ 变化幅度（4.09）远高于 2016 年（全流域、3 号子流域和 4 号子流域分别为 2.64、1.88 和 2.08）。

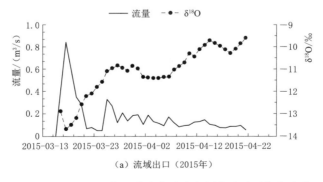

（a）流域出口（2015 年）

图 7.3（一）　融雪期河道水中稳定氧同位素随时间的变化

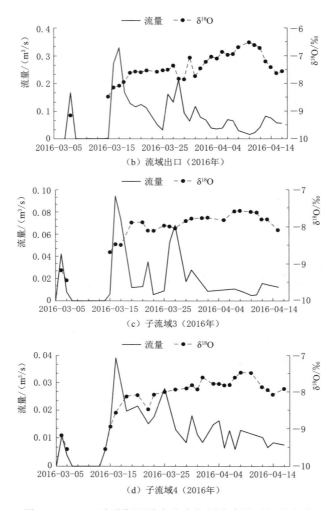

图 7.3（二） 融雪期河道中稳定氧同位素随时间的变化

7.4 氮素浓度与产流和水中氧稳定同位素之间的关系

如图 7.4 和图 7.5 所示，融雪产流初期氮浓度和产流量变化幅度较大，但相关性不明显。融雪产流初期氮素浓度与 $\delta^{18}O$ 呈线性关系，且两个值变化基本同向（除第一天外）。此后，氮素浓度和 $\delta^{18}O$ 在小范围内呈振荡变化，尤其是 2016 年的氮素浓度。

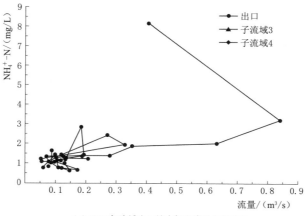

（a）2015年流域出口铵态氮和流量之间关系

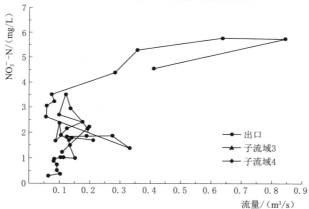

（b）2015年流域出口硝态氮和流量之间关系

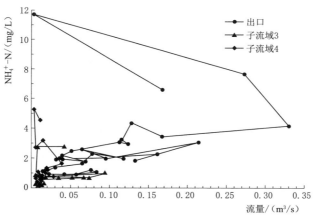

（c）2016年流域出口及子流域3和子流域4铵态氮和流量之间关系

图7.4（一）　氮素和流量之间的关系

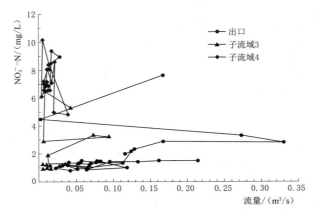

（d）2016年流域出口及子流域3和子流域4硝态氮和流量之间关系

图 7.4（二） 氮素和流量之间的关系

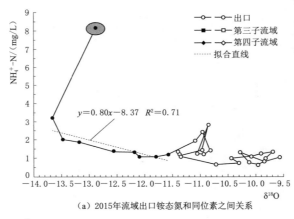

（a）2015年流域出口铵态氮和同位素之间关系

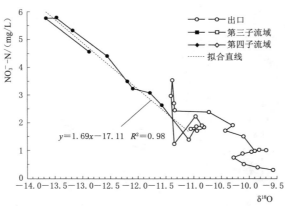

（b）2015年流域出口硝态氮和同位素之间关系

图 7.5（一） 氮素浓度和 $\delta^{18}O$ 之间的关系

（实心点表示融雪产流早期阶段，阴影部分表示晚期阶段）

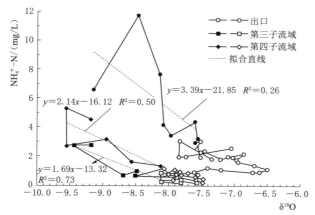

（c）2016年流域出口及子流域3和子流域4铵态氮和同位素之间关系

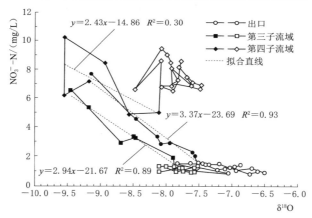

（d）2016年流域出口及子流域3和子流域4硝态氮和同位素之间关系

图 7.5（二）　氮素浓度和 $\delta^{18}O$ 之间的关系

（实心点表示融雪产流早期阶段，阴影部分表示晚期阶段）

7.5　通过氮素浓度与 $\delta^{18}O$ 之间的关系划分融雪产流期氮素产出阶段

融雪产流开始时，氮素浓度很高并迅速下降（图 7.2）。这可能是融雪氮素分馏作用和冲刷效应共同作用的结果。冰晶变质作用和积雪内离子的重分布会导致溶质优先洗脱到融雪水中（Lilbaek et al.，2008；Costa et al.，2018），使得融雪水中的氮素浓度迅速达到最大值后呈指数下降（Costa et al，2021）。此外，由于施肥（Liu et al.，2020；Han et al.，2018）以及冻融过程中氮素随水分从下层向上层土壤的移动，表层土壤的氮素含量始终高于深层。由于冻土层的存在导致早期融雪水与表层土壤接触持续数天甚至十几天，土壤中的氮素被融雪水浸提出来（Zhao et al，2017）。随后，融雪超渗产流引发的地表或近地表产流将浸出的氮素运移至河道中（Rusjan et al.，2008；Jiang et al.，2010；Zhao et al.，2015）。

融雪产流初期，产流中的 $\delta^{18}O$ 较低，随后迅速上升（图7.3）。这些发现表明，融雪产流初期温度较低，冻土尚未融化，因此，产流中的 $\delta^{18}O$ 值与积雪中相似（2015年和2016年分别为 $-13.5‰\pm2.2‰$ 和 $-12.8‰\pm2.7‰$）。随着雪和冻土的融化，在冻结过程中从深层土壤聚集的高 $\delta^{18}O$ 值土壤水（$-8.1‰\pm1.0‰$）释放出来并与融雪水混合（Ireson et al.，2013；Bing et al.，2015）。冻土中土壤孔隙中的冰可以大大减少土壤入渗（Suzuki et al.，2006；Ireson et al.，2013），导致地表土壤饱和，形成地表积水。快速升高的温度也促进了蒸发分馏的增加（Tian et al.，2018；Gaj et al.，2019），进而导致径流中 $\delta^{18}O$ 值的上升。2015年融雪初期日平均气温较2016年下降 $4.2℃$；因此，在2015年融雪初期，融雪过程持续时间较长，土壤融化速率较低，融雪水与地表土壤水的混合持续时间较长。因此，2015年产流中 $\delta^{18}O$ 值的上升趋势持续时间比2016年延长了6～7天。

如上所述，产流中氮素浓度和 $\delta^{18}O$ 值的变化均受融雪开始时雪和冻土的融化速率控制。因此，产流中氮浓度与 $\delta^{18}O$ 值呈线性关系（图7.5）。融雪后期，产流路径由近地表土壤向深层土壤转移，氮素的冲刷作用受到限制，因此，氮浓度大大降低（Wright et al.，2008；Zhao et al.，2017）。融雪产流后期氮素和 $\delta^{18}O$ 在小范围内的波动可能是由于远离河道的水和氮素的流入和混合引起的。

考虑到这些显著差异，根据 $\delta^{18}O$ 与氮浓度的关系可以将融雪产流过程划分为早期和晚期。2015年和2016年融雪产流早期阶段持续时间见表7.3。融雪早期阶段结束时相应的累积温度和农田土壤融化深度分别为 $30℃$ 左右和 $11～18cm$，表明该阶段雪和土壤融化过程具有一定的相似特征。与利用水文、气象变化特征或流量与氮的关系来划分融雪阶段相比，该方法具有以下优点：①产流中 $\delta^{18}O$ 值单向变化，趋势性更强，便于识别转折点，减少主观判断导致的错误；②水/氮来源及运移路径变化难以通过其数值变化来识别（图7.2和图7.4），但通过 $\delta^{18}O$ 与氮浓度关系的变化很容易识别。

融雪产流早期阶段和晚期阶段氮素产出量占整个融化期氮素产出量的比例见表7.4。2015年和2016年流域出口，融雪产流早期阶段分别贡献了 47.37% 和 41.3% 的产流，67.19% 和 63.47% 的 NH_4^+-N，以及 70.98% 和 64.36% 的 NO_3^--N。2015年5个子流域融雪产流早期阶段水、NH_4^+-N 和 NO_3^--N 的平

表 7.3 融雪产流初期结束时的累积温度和土壤解冻深度统计

年份	融雪产流早期	累积温度 /℃	冻土融化深度/cm	
			玉米田	水稻田
2015	3月15—25日	29.20	12～18	13～17
2016	3月15—19日	29.24	11	11.5

均贡献分别为 46.96％、55.98％ 和 58.39％，2016 年分别为 36.48％、60.24％ 和 44.23％。这与 Kepski 等（2016）和 Lazarcik 等（2017）的研究结果相似，即在融雪产流初期，较少的水分产出量驱动了更多氮素的产出。

表 7.4 融雪产流早期及晚期阶段氮素产出量占整个融化期氮素产出量的比例

年份	位 置	早 期 阶 段			晚 期 阶 段			早期阶段/整个融雪产流期/%		
		产流量 /m³	$NH_4^+ - N$ /kg	$NO_3^- - N$ /kg	产流量 /m³	$NH_4^+ - N$ /kg	$NO_3^- - N$ /kg	产流量	$NH_4^+ - N$	$NO_3^- - N$
2015	流域出口	267193.52	259.46	410.97	296811.21	114.05	151.24	47.37	69.47	73.10
	子流域1	7356.47	4.78	33.84	24461.09	10.78	74.42	23.12	30.70	31.26
	子流域2	29142.55	17.86	147.65	35841.81	12.01	127.81	44.85	59.79	53.60
	子流域3	76886.76	41.74	340.77	58371.79	21.18	117.19	56.84	66.34	74.39
	子流域4	21861.26	27.00	191.62	33854.52	35.03	195.58	39.24	43.53	49.49
	子流域5	22238.15	21.86	120.55	25361.96	10.02	79.36	46.72	68.56	60.30
	子流域平均值	31497.04	22.65	166.80	35578.23	17.81	118.87	46.96	55.98	58.39
2016	流域出口	92582.73	498.06	340.20	181803.43	386.80	255.80	33.74	56.29	57.08
	子流域1	5047.76	4.71	15.38	13523.27	5.70	26.68	27.18	45.25	36.57
	子流域2	17696.85	33.19	77.32	17216.04	8.39	29.83	50.69	79.83	72.16
	子流域3	23901.27	28.06	86.73	40812.85	23.62	48.05	36.93	54.29	64.35
	子流域4	12641.72	26.20	74.15	31580.33	23.68	241.77	28.59	52.53	23.47
	子流域5	12252.85	14.59	52.27	21418.85	9.07	39.29	36.39	61.66	57.09
	子流域平均值	14308.09	21.35	61.17	24910.27	14.09	77.12	36.48	60.24	44.23

7.6 不同融雪产流阶段氮素来源及关键控制因素

2015 年和 2016 年融雪产流早期、晚期和整个融雪产流期土地利用、地形因子与流量、氮素浓度、氮素产量的主成分回归系数如图 7.6 所示。2015 年和 2016 年计算所得 R^2 平均值分别为 0.79 和 0.78。虽然部分拟合没有达到显著水平，但回归系数的大小仍然可以在一定程度上表征各影响因素对产流量、氮素浓度和氮素产量变化的影响（Ma et al.，2021）。总体而言，本书发现 PFP（水稻田面积比例）、RAP（农村居住区面积比例）、AS（平均坡度）、SAP（<2°）（坡度小于 2°的面积比例）和 SAP（6°～15°）（坡度介于 6°～15°的面积比例）是影响 2015 年和 2016 年融雪产流期产流量、氮素浓度和产量的主要因素。

靠近河道的区域（SAP<2°和 SAP 2°～6°）对 NH_4^+-N 和 NO_3^--N 浓度的正向作用更大，对产流的负作用更大（图 7.6），而 SAP（>6°）对产流和氮素浓度的作用与 SAP<2°和 SAP 2°～6°相反。这可能是因为融雪水主要损耗在缓坡地区的土壤饱和过程和洼地滞蓄过程中，而表土中的氮素在与融雪水的长期接触过程中会被浸提出来（Welsch et al.，2001）。地势较陡的地区融雪过程更容易产生地表径流或壤中流（Creed et al，1988），这些融雪水流入缓坡地区并与较高浓度的 NH_4^+-N 和 NO_3^--N 水混合，然后通过地表或地下径流迁移到河道中，导致如上所述的氮素冲刷效应（Zhao et al.，2017）。此外，SAP（<2°）和 SAP（2°～6°）在融雪产流早期阶段对氮产量的负作用弱于对产流的影响，而

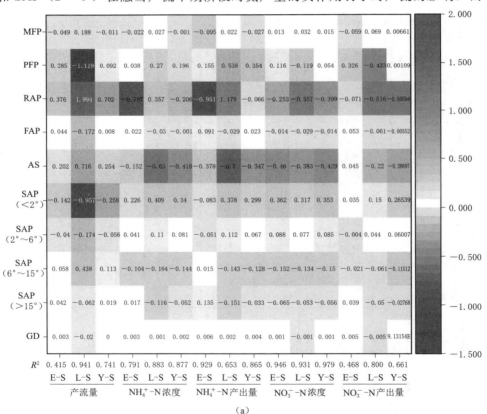

（a）

图 7.6（一）　2015 年和 2016 年融雪产流早期、晚期和整个融雪产流期土地利用、地形因子与流量、氮素浓度、氮素产量的主成分回归系数

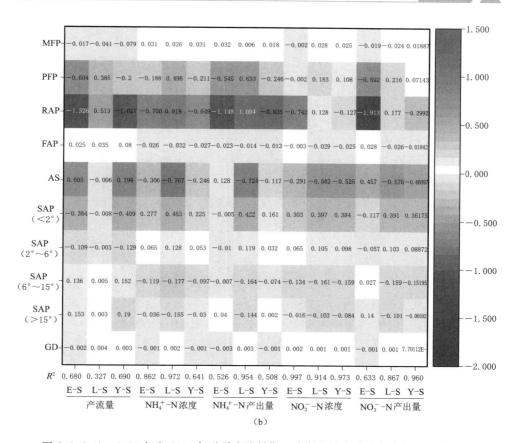

图 7.6（二）　2015 年和 2016 年融雪产流早期、晚期和整个融雪产流期土地利用、
地形因子与流量、氮素浓度、氮素产量的主成分回归系数

在融雪产流晚期阶段和整个融雪产流期对氮素产量和浓度都有正面的影响。这些发现表明，河道附近地区的氮储量丰富，弥补了融雪产流早期阶段缺水对氮素产量的负面影响。这也解释了为什么 2015 年和 2016 年融雪产流早期阶段流域的氮素产量比产流量高出约 20%。相应的子流域产流量和铵/硝态氮产量之间的平均差异 2015 年分别为 9.02% 和 11.43%，2016 年分别为 23.76% 和 7.75%。

在 2015 年和 2016 年，RAP 对融雪产流早期阶段的 $NH_4^+ - N$ 和 $NO_3^- - N$ 浓度和产量有负面影响，而在融雪产流晚期（2016 年 $NO_3^- - N$ 浓度除外）有正面影响。原因可能是该地区的氮素主要来自生活污水和融雪水。以高 $NH_4^+ - N$、低 $NO_3^- - N$ 为特征的生活污水在冻结期不断排放并冻结在污水池和排水沟中（Wang et al.，2011；Lekshmi et al.，2015）。农村居住区积雪区域可分为积雪集中堆放区，如庭院、人行道等，积雪会被扫过并堆积在一定区域；以及屋顶、花园、荒地等积雪未受扰动的积雪散布区。据观测，2015年和2016年积雪散布区平均$NH_4^+ - N$和$NO_3^- - N$浓度分别为$1.21mg/L \pm 0.50mg/L$和$1.72mg/L \pm 1.10mg/L$，这些值远低于融雪产流早期河水中氮素的浓度。在融雪产流初期，积雪散布区接受到的太阳辐射较多（Marks et al.，2008；Zhao et al.，2021），并产生氮素浓度较低的融雪水。混凝土地面和结冰的排水沟大大减少了入渗损失（Chitsazan et al.，2019；Zhang et al.，2020）。因此，在融雪产流早期阶段，RAP对产流有正面的影响，对氮素浓度有负面影响。在融雪产流后期阶段，该地区的水和氮主要来自污水池或排水沟和积雪聚积区冻结的生活污水的融化。与积雪相比，这种以冰的形态储存的水更集中，受到的太阳辐射更少，因此产生了一个持久的、高$NH_4^+ - N$和低$NO_3^- - N$浓度的水、氮产出过程（Kane and Slaughter，1972；Zhao et al.，2021）。2016年融雪产流早期产流量和融雪产流后期阶段$NO_3^- - N$浓度差异归因于2015—2016年冻结期气温升高。这一温度升高事件导致一些积雪融化并重新冻结为排水沟中的冰，从而减少了2016年融雪产流早期阶段的产流量（Zhao et al，2021）。由于氮素的分馏效应，重新冻结的融雪水可能含有较高的$NO_3^- - N$，这有助于融雪产流后期$NO_3^- - N$的产出（Costa et al.，2018；Pittman et al.，2020）。

PFP沿河道分布，灌排水沟密布。因此，除了2015年融雪产流初期的氮素浓度和融雪产流后期的产流外，它对产流和氮素产量的影响与RAP相似。这是因为稻田融雪水在迁移到河道的过程中，从稻田中浸提了$NH_4^+ - N$和$NO_3^- - N$。融雪产流后期阶段，由于土壤解冻，水分贡献大大降低，就像SAP（<2°）一样（Zhao et al.，2017）。

7.7 结论

本章根据$\delta^{18}O$与氮素浓度的关系，将融雪产流期氮素输出过程分为两个阶段。通过各阶段氮素浓度与各影响因子的主成分回归分析，发现PFP、RAP、AS、SAP（<2°）和SAP（6°~15°）是影响产流量、氮浓度和产量的主要因素。沿河坡度较缓的地区（SAP<6°）可能会通过饱和土壤和洼地滞留等途径消耗水分和氮素。流入河道的$NH_4^+ - N$和$NO_3^- - N$主要是由来自坡度较陡地区（坡度大于6°）的水通过冲刷效应驱动的。沿河地区氮储量丰富，弥补了融雪产流早期阶段缺水对氮素产出的负面影响。农村的水和氮主要来自融雪产流早期的积雪散布区，融雪后期主要来自冻结的生活污水或排水沟中的再冻结融雪。因此，在融雪产流阶段早期和晚期，RAP对排放以及$NH_4^+ - N$和$NO_3^- - N$的浓度和产量有不同的影响。稻田兼具农村居住区和低坡度地区的特点，对排放量、氮素浓度和产量的影响相似。

本 章 参 考 文 献

AMARIO D，WILSON S C，et al. Concentration – discharge relationships derived from a larger regional dataset as a tool for watershed management [J]. Ecological Applications，2021，31 (8)：e02447.

BING H，HE P，ZHANG Y. Cyclic freeze – thaw as a mechanism for water and salt migration in soil. Environ [J]. Earth Science Reviews. 2015，74：675 – 681.

CHENG Y，LI P，XU G，et al. Effects of dynamic factors of erosion on soil nitrogen and phosphorus loss under freeze – thaw conditions [J]. Geoderma，2021，390：114972.

CHITSAZAN M，AGHAZADEH N，MIRZAEE Y. et al. Hydrochemical characteristics and the impact of anthropogenic activity on groundwater quality in suburban area of Urmia city，Iran [J]. Environment Development & Sustainability，2019，21：331 – 351.

COSTA D，POMEROY J W，BROWN T，et al. Advances in the simulation of nutrient dynamics in cold climate agricultural basins：Developing new nitrogen and phosphorus modules for the Cold Regions Hydrological Modelling Platform [J]. Hydrological Sciences Journal，2021，603：126901.

COSTA D，POMEROY J，WHEATER H. A numerical model for the simulation of snowpack solute dynamics to capture runoff ionic pulses during snowmelt：The PULSE model [J]. Advances in Water Resources，2018，122：37 – 48.

COSTA D，ROSTE J，POMEROY J，et al. A modelling framework to simulate field – scale nitrate response and transport during snowmelt：The WINTRA model [J]. Hydrological Processes，2017，31：4250 – 4268.

CREED I F，BAND L E. Export of nitrogen from catchments within a temperate forest：Evidence for a unifying mechanism regulated by variable source area dynamics [J]. Water Resources Research，1998，34：3105 – 3120.

DARROUZET – NARDI A，ERBLAND J，BOWMAN W D，et al. Landscape – level nitrogen import and export in an ecosystem with complex terrain，Colorado Front Range [J]. Biogeochemistry，2012，109：271 – 285.

FRIESEN – HUGHES K，CASSON N J，WILSON H F. Nitrogen dynamics and nitrogen – to – phosphorus stoichiometry in cold region agricultural streams [J]. Environmental Quality and Safety Supplement，2021，50：653 – 666.

GAJ M，MCDONNELL J J. Possible soil tension controls on the isotopic equilibrium fractionation factor for evaporation from soil [J]. Hydrological Processes，2019，33：1629 – 1634.

GAO D，ZHANG L，LIU J，et al. Responses of terrestrial nitrogen pools and dynamics to different patterns of freeze – thaw cycle：A meta – analysis [J]. Global Change Biology，2018，24：2377 – 2389.

HAN Z，DENG M，YUAN A，et al. Vertical variation of a black soil's properties in response to freeze – thaw cycles and its links to shift of microbial community structure [J]. Science of the Total Environment，2018，625：106 – 113.

HAYAKAWA A，NAGUMO T，KURAMOCHI K，et al. Characteristics of nutrient load in a stream flowing through a livestock farm during spring snowmelt [J]. Soil Science & Plant Nutrition, 2003, 49: 301 - 305.

HINCKLEY E - L S, BARNES R T, ANDERSON S P, et al. Nitrogen retention and transport differ by hillslope aspect at the rain - snow transition of the Colorado Front Range [J]. Journal of Geophysical Research Biogeosciences, 2014, 119: 1281 - 1296.

IRESON A M, KAMP G, FERGUSON G, et al. Hydrogeological processes in seasonally frozen northern latitudes: understanding, gaps and challenges [J]. Hydrogeology Journal, 2013, 21: 53 - 66.

JIANG R, WOLI K P, KURAMOCHI K, et al. Hydrological process controls on nitrogen export during storm events in an agricultural watershed [J]. Soil Science & Plant Nutrition, 2010, 56: 72 - 85.

JIANG R, WOLI K P, KURAMOCHI K, et al. Coupled control of land use and topography on nitrate - nitrogen dynamics in three adjacent watersheds [J]. Catena, 2012, 97: 1 - 11.

KANE D, SLAUGHTER C. Seasonal regime and hydrological significance of stream icings in Central Alaska. In: Role of Snow and iIce in Hydrology: Proceedings of the Banff Symposia Publ [J]. International Association of Hydrological Science 107, 1972, 1: 528 - 540.

KEPSKI D, BIA'S M, SOBIK M, et al. Progressing Pollutant Elution from Snowpack and E-volution of its Physicochemical Properties During Melting Period a Case Study From the Sudetes, Poland [J]. Water Air & Soil Pollution, 2016, 227: 1 - 20.

LAZARCIK J, DIB, J E, ADOLPH A C, AMANTE J M, et al. Major fraction of black carbon is flushed from the melting New Hampshire snowpack nearly as quickly as soluble impurities [J]. Journal of Geophysical Research - Atmospheres, 2017, 122: 537 - 553.

LEKSHMI B, JOSEPH R S, JOSE A, et al. Studies on reduction of inorganic pollutants from wastewater by Chlorella pyrenoidosa and Scenedesmus abundans [J]. Alexandria Engineering Journal, 2015, 54: 1291 - 1296.

LILBAEK G, POMEROY J W. Ion enrichment of snowmelt runoff water caused by basal ice formation [J]. Hydrological Process, 2008, 22: 2758 - 2766.

LIU D, CHI Y. Horizontal and vertical distributions of estuarine soil total organic carbon and total nitrogen under complex land surface characteristics [J]. Global Ecology and Conservation, 2020, 24: e01268.

LIU K, ELLIOTT J A, LOBB D A, et al. Critical factors affecting field - scale losses of nitrogen and phosphorus in spring snowmelt runoff in the Canadian Prairies [J]. Journal of Environmental Quality, 2013, 42 (2): 484 - 496.

MA M, ZHU Y, WEI Y, et al. Soil nutrient and vegetation diversity patterns of alpine wetlands on the Qinghai - Tibetan Plateau [J]. Sustainability, 2021, 13 (11): 6221.

MARKS D, WINSTRAL A, FLERCHINGER G, et al. Comparing simulated and measured sensible and latent heat fluxes over snow under a pine canopy to improve an energy balance snowmelt model [J]. Journal of Hydrometeorology, 2008, 9 (6): 1506 - 1522.

OUYANG W, SHAN Y, HAO F, et al. The effect on soil nutrients resulting from land use transformations in a freeze - thaw agricultural ecosystem [J]. Soil and Tillage Research, 2013, 132: 30 - 38.

PAINTER K J, BRUA R B, KOEHLER G, et al. Contribution of nitrogen sources to streams in mixed – use catchments varies seasonally in a cold temperate region [J]. Science Total Environment, 2021, 764: 142824.

PITTMAN F, MOHAMMED A, CEY E. Effects of antecedent moisture and macroporosity on infiltration and water flow in frozen soil [J]. Hydrological Processes, 2020, 34 (3): 795 – 809.

RUSJAN S, BRILLY M, MIKOŠ M. Flushing of nitrate from a forested watershed: an insight into hydrological nitrate mobilization mechanisms through seasonal high – frequency stream nitrate dynamics [J]. Journal of Hydrology, 2008, 354 (1 – 4): 187 – 202.

SHI Y, ZIADI N, MESSIGA A J, et al. Nongrowing season soil surface nitrate and phosphate dynamics in a corn – soybean rotation in eastern Canada: in situ evaluation using anionic exchange membranes [J]. Canadian Journal of Soil Science, 2016, 96 (2): 136 – 144.

SONG Y, ZOU Y, WANG G, et al. Altered soil carbon and nitrogen cycles due to the freeze – thaw effect: A meta – analysis [J]. Soil Biology and Biochemistry, 2017, 109: 35 – 49.

SUZUKI K, KUBOTA J, OHATA T, et al. Influence of snow ablation and frozen ground on spring runoff generation in the Mogot Experimental Watershed, southern mountainous taiga of eastern Siberia [J]. Hydrology Research. 2006, 37: 21 – 29.

TIAN C, WANG L, KASEKE K F, et al. Stable isotope compositions (δ^2 H, δ^{18} O and δ^{17} O) of rainfall and snowfall in the central United States [J]. Scientific Reports, 2018, 8 (1): 1 – 15.

TOWNSEND – SMALL A, MCCLELLAND J W, MAX H R, et al. Seasonal and hydrologic drivers of dissolved organic matter and nutrients in the upper Kuparuk River, Alaskan Arctic [J]. Biogeochemistry, 2011, 103: 109 – 124.

VALIPOUR M. Land use policy and agricultural water management of the previous half of century in Africa [J]. Applied Water Science, 2015, 5 (4): 367 – 395.

VALIPOUR M. How do different factors impact agricultural water management? [J]. Open agriculture, 2016, 1: 89 – 111.

VALIPOUR M. Variations of land use and irrigation for next decades under different scenarios [J]. Irriga, 2016, 1 (1): 262 – 262.

WANG L, GUO F, ZHENG Z, et al. Enhancement of rural domestic sewage treatment performance, and assessment of microbial community diversity and structure using tower vermifiltration [J]. Bioresource Technology, 2011, 102 (20): 9462 – 9470.

WANG Y, XIAO Z, AURANGZEIB M, et al. Effects of freeze – thaw cycles on the spatial distribution of soil total nitrogen using a geographically weighted regression kriging method [J]. Science Total Environment, 2021, 763: 142993.

WELSCH D L, KROLL C N, MCDONNELL J J, et al. Topographic controls on the chemistry of subsurface stormflow [J]. Hydrological Process, 2001, 15: 1925 – 1938.

WILLIAMS M W, BARDSLEY T, RIKKERS M. Overestimation of snow depth and inorganic nitrogen wetfall using NADP data, Niwot Ridge, Colorado [J]. Atmospheric Environment, 1998, 32 (22): 3827 – 3833.

WILSON H F, CASSON N J, GLENN A J, et al. Landscape controls on nutrient export during snowmelt and an extreme rainfall runoff event in northern agricultural watersheds [J]. Journal of environmental quality, 2019, 48 (4): 841 – 849.

WRIGHT N, QUINTON W L, HAYASHI M. Hillslope runoff from an ice – cored peat plateau in a discontinuous permafrost basin, Northwest Territories, Canada [J]. Hydrological Processes: An International Journal, 2008, 22 (15): 2816 – 2828.

YAO B, LI G, WANG F. Effects of winter irrigation and soil surface mulching during freezing – thawing period on soil water – heat – salt for cotton fields in south Xinjiang [J]. Transactions of the Chinese Society of Agricultural Engineering, 2016, 32 (7): 114 – 120.

ZHANG L; WANG C; LIANG G, et al. Influence of Land Use Change on Hydrological Cycle: Application of SWAT to Su – Mi – Huai Area in Beijing, China [J]. Water, 2020, 12: 3164.

ZHANG S, QU F, WANG X, et al. Freeze – thaw cycles changes soil nitrogen in a Mollisol sloping field in Northeast China [J]. Nutrient Cycling in Agroecosystems, 2020, 116 (3): 345 – 364.

ZHAO P, TANG X, TANG J, et al. The nitrogen loss flushing mechanism in sloping farmlands of shallow Entisol in southwestern China: A study of the water source effect [J]. Arabian journal of geosciences, 2015, 8 (12): 10325 – 10337.

ZHAO Q, CHANG D, WANG K, et al. Patterns of nitrogen export from a seasonal freezing agricultural watershed during the thawing period [J]. Science Total Environment, 2017, s 599 – 600: 442 – 450.

ZHAO Q, TAN X, ZENG Q, et al. Combined effects of temperature and precipitation on the spring runoff generation process in a seasonal freezing agricultural watershed [J]. Environment Earth Science, 2021, 80: 490 (2021).

第 8 章

季节性冻融农业区水氮输出过程
模拟及其对气象条件的响应规律

气象条件是影响氮素转化、流域水文以及氮素产出过程的主要因素。由于冻融期取样困难，很难获取长序列的观测资料，因此本章将基于 2014—2015 年和 2015—2016 年冻融期观测资料以及过去 60 多年气象数据，采用相对成熟、具有冻融模块且已有较多应用于冻融区水氮产出过程模拟实例的 SWAT 模型，对黑顶子流域第二支流所在子流域过去 60 余年融化期水、氮产出过程进行模拟，分析其对冻融期气象条件的响应规律，探求季节性冻融农业区融化期极端水、氮产出事件所对应的气候模式，为该区域融化期融雪性洪涝灾害及水环境预警提供理论支撑。

8.1 研究背景及目的

融雪水是寒冷地区（Sterle et al.，2019；Heggli et al.，2022）生活（Cao et al.，2013）、农业灌溉（Qin et al.，2020）、娱乐（Ligare et al.，2012）、水力发电（Rheinheimer et al.，2014）和地下水补给（Lone et al.，2021）的主要水源。季节性冻融农业流域融雪伴随着氮素产出过程（Zhao et al.，2017；Zhao et al.，2022），可能会导致氮素流失并对陆地和水生生态系统产生不利影响（Corriveau et al.，2011；Rattan et al.，2017）。

融雪期的水/氮来源及迁移路径受气候因素变化的显著影响。已有研究表明，与工业化前水平相比，全球气温上升了 $0.8\sim1.2℃$（IPCC，2018），并且冬季北半球一些寒冷地区的降水量会增加（Räisänen 和 Eklund，2012；Rasouli et al.，2015）。在冻结期，较高的温度降低了降雪量占总降水量的比例（Irannezhad et al.，2017），增加了降雨引发的融雪事件的发生概率（Dou et al.，2021），改变了地表水的存储形式（冰或雪）（Zhao et al.，2021）。这导致积雪面积、积雪持续时间、雪水当量和氮素湿沉降减少，并最终在空间和时间上改变融雪产流前可用于产出的水和氮的量（Clement et al.，2012；Aygün et al.，2020；Zhao et al.，2021）。此外，积雪因其绝缘性而影响土壤温度，同时也影响土壤的冻融过程（Li et al，2022），进而影响冻结过程中南土壤水分向上的迁移量、土壤的蒸发能力以及土壤的入渗能力等来改变表层土壤中的水和氮的存储量（Bing et al.，2015；Ireson et al.，2013，Appels et al.，2018；Ploum et al.，2019；Zhang et al.，2019）。在解冻期，气候变暖使融雪事件的发生时间提前（Uzun et al.，2021；Yang et al.，2022）。温度和降水的变化也可以通过改变冻土的融化深度来影响影响入渗、产流路径和地下水位变化，进而影响水和氮的迁移（Koch et al.，2013；Koch et al.，2014；Wright et al.，2008）。

冻融期融雪及相应的氮素产出过程对温度和降水变化的响应与非冻融期降雨径流对温度和降水变化的响应有着显著的差异（Chen et al.，2012；Zhao et al.，2021；He et al.，2022；Zhao et al.，2022）。降雨对水和氮产出的影响仅持续数天或数十天，并且随着时间的推移而减弱（Chen et al.，2012；He et al.，2022）。冻融期气候变化对融雪过程的影响可持续数月之久，甚至更长。例如，Pittman 等（2020）发现受秋季降雨影响的冻结前土壤水分控制着冻土中大孔隙入渗和流动的起始时间和大小。Zhao 等（2021）发现稳定冻结期较高的秋季降雨量和稳定冻结期较高的气温升高事件会导致融化期发生产流时间长、产流系数高的融冰产流过程。但这些研究主要关注单一气候变化事件（降雨引发的融雪、气温升高或秋季降雨）引起的水文和氮产出过程，或通过数学模型预测它们对未来气候变化的响应（Li et al.，2016；Wang et al.，2018；Dou et al.，2021；Yang et al.，2022），未考虑不同冻融期气温和降水变化对水、氮来源和迁移路径的影响。此外，尚不清楚在不同的冻融期是否存在最适宜水、氮产出的气象因子组合模式。

缺乏寒区融雪产流期日尺度水、氮产出量的长期监测数据是限制上述问题研究的主要原因。因此，使用水文和水质模型，有限的日尺度水、氮观测数据，以及长期气象数据，通过数值模拟来扩展水、氮产出数据是解决这一困境的折中方案（Shrestha et al.，2012；Dibike et al.，2021）。SWAT 模型是基于物理过程的水文模型（Arnold et al.，2012），它包含融雪和氮迁移转化模块，被广泛用于寒冷地区融雪径流和氮素产出过程的模拟（Bhatta et al.，2019；Shrestha and Wang，2020；Zaremehrjardy et al.，2022）。Ouyang 等（2013）应用SWAT 模型量化了冻融区土地利用变化引起的非点源氮的变化。Crusson 等（2015）评估了 SWAT 模型模拟高山流域积雪和融雪动态变化的能力，发现SWAT 可以很好地模拟积雪的空间和时间变化。Mukundan 等（2020）使用改进后的 SWAT 模型来研究气候变化对纽约市 Cannonsville 流域养分负荷的影响。然而，这些研究大多使用 SWAT 模型来模拟水和氮的年产出量和月产出量，但对其模拟寒区水、氮日产出量的效果需要进一步测试。

　　本章基于对东北典型流域 2015 年和 2016 年融雪期日水分和硝态氮浓度的监测，以及 1951—2014 年的气象数据，采用 SWAT 模型模拟融雪产流期水、氮产出量，并根据模拟结果评估 SWAT 模型模拟寒区日尺度水和 $NO_3^- - N$ 产出过程的适用性，确定融雪水和 $NO_3^- - N$ 产出的控制气候因子及其影响机制，分析融雪产流期极端水、氮产出事件对应的气象因子组合模式。

8.2　研究方法

8.2.1　区域概况及数据来源

　　研究区位于我国吉林省长春市双阳区黑顶子河流域的一个子流域（6.84km²），东经 $125°34'27''\sim125°42'22''$，北纬 $43°22'48''\sim43°29'37''$。该流域海拔为 234~380m，平均坡度为 8.3°，气象条件如前所述，主要的土地利用类型为玉米田、农村居住用地和森林，分别占总面积的 80.4%、16.7% 和 2.9%。流域土壤主要为草甸土、白泥土和黑褐土（图 8.1）。

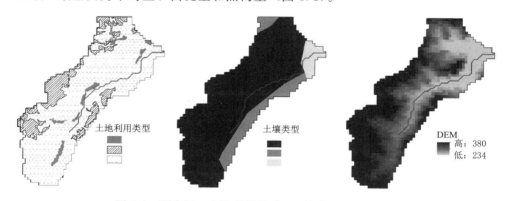

图 8.1　研究区、土地利用类型、土壤类型和地形数据

　　模型输入文件所需的基本数据集是地形、土地利用类型、土壤和气候数据。研究区使用的 DEM 图来自国际科学数据服务平台，分辨率为 30m×30m。土地利用数据来源于 2012 年获取的 Landsat 专题制图影像数据。土壤数据来源于吉林省第二次土壤调查。每日气象数据（包括降水量、最低和最高温度、太阳辐射、风速和相对湿度）来自距研究区 12km 的双阳气象站，数据记录期为 1961—2015 年。通过对流域出口流量监测和水样采集分析，获得了 2014—2015 年和 2015—2016 年融化期的日流量和 $NO_3^- - N$ 负荷数据集。研究流域无点源污染，通过对农户的抽样调查获得化肥、粪肥施用量。

8.2.2　技术路线图

图 8.2 为本章内容的技术路线图。利用 2014—2015 年和 2015—2016 年融雪期气象数据、日观测水量、$NO_3^- - N$ 产出数据和 GIS 数据建立 SWAT 模型。在率定和验证过程中，对 SWAT 模型模拟日融雪径流和 $NO_3^- - N$ 产出过程的能力进行评价。利用 1951—2014 年历史气候资料划分不同冻融期，计算相应的气候因子，模拟日水和 $NO_3^- - N$ 产出量。在此基础上，确定融雪水和 $NO_3^- - N$ 产出的控制气候因子，确定融雪水和 $NO_3^- - N$ 的极端产出事件对应的气象因子组合模式。

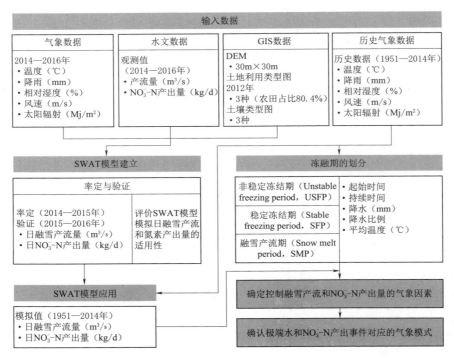

图 8.2　技术路线图

8.2.3　SWAT 模型的构建

8.2.3.1　积雪及融雪产流模块简介

SWAT 模型首先根据地形、气候条件将流域划分为一个个子流域（sub-basin），再进一步划分为具有一致土地利用类型、土壤类型和管理措施的水文响应单元（HRU）。分别计算每个 HRU 的土壤水、地表径流、产沙量和营养物输出负荷后，经河网汇集到出口。模型采用 SCS-CN，Green-Ampt 或者 Mein-Larson 方程模拟径流；采用通用土壤流失方程（MUSLE）计算泥沙；在土壤中设置五个氮库，考虑土壤中氮循环，并综合 QUAL2E 模型中方法描述河道中氮循环过程。关于水文过程、氮素迁移转化过程的计算方法，详见 SWAT 模型理论手册，以下主要介绍其融雪产流相关内容。

1. 积雪模块

SWAT 模型根据日平均气温将降水分为降雨与冻雨/降雪。临界温度 T_{s-r} 由用户设定，是划分降雨与降雪的依据。如果日均气温低于临界温度，则 HRU 内降水形式为降雪，雪水当量加在积雪上。

降雪以积雪的形式存储在地表，积雪的储水量称为雪水当量。积雪会随着后续降雪而增加，随着消融或升华而减少。积雪的质量守恒方程为

$$\text{SNO} = \text{SNO} + R_{\text{day}} - E_{\text{sub}} - \text{SNO}_{\text{melt}} \tag{8.1}$$

式中：SNO 为某天积雪的含水量，mm；R_{day} 为某天的降水量（仅当 $\overline{T_{\text{av}}} \leqslant T_{\text{s-r}}$ 时，计算此项），mm；E_{sub} 为某天积雪的升华量，mm；SNO_{melt} 为某天的融雪量，mm。积雪量用覆盖在整个 HRU 区域上的深度表示。

由于受飘雪、遮挡和地形等因子影响，子流域内的积雪很少均匀分布在整个区域，使得部分子流域内没有积雪。要准确计算子流域融雪，必须对没有积雪的区域进行量化。

影响积雪范围变化的因子年与年之间比较类似，因此可以将特定时间子流域内的现存雪量与积雪面积联系起来。其关联性可用面积消退曲线表示，即运用子流域内现存雪量的函数来表达积雪的季节性增长和消退。

面积消退曲线需要设定雪深阈值 SNO_{100}，高于该阈值时认为积雪 100% 覆盖研究区。雪深阈值取决于植被分布、积雪的风负荷、积雪风蚀、拦截和方位等因子，且因流域而异。

面积消退曲线基于自然对数，计算方程为

$$\text{SNO}_{\text{cov}} = \frac{\text{SNO}}{\text{SNO}_{100}} \left[\frac{\text{SNO}}{\text{SNO}_{100}} + \exp\left(\text{cov}_1 - \text{cov}_2 \frac{\text{SNO}}{\text{SNO}_{100}} \right) \right]^{-1} \tag{8.2}$$

式中：SNO_{cov} 为积雪覆盖面积占 HRU 面积的比例；SNO 为某天积雪的含水量，mm；SNO_{100} 为积雪 100% 覆盖区域时的雪深阈值，mm；cov_1 和 cov_2 为定义曲线形状的系数。cov_1 和 cov_2 值通过两个已知点求解方程（8.2）来确定，其中的两个已知点分别是：95% SNO_{100} 时 95% 的积雪覆盖度与用户指定的 SNO_{100} 分数时 50% 积雪覆盖度。

50% 积雪覆盖度时不同 SNO_{100} 分数的面积消退曲线如图 8.3 所示。

积雪超过 SNO_{100} 时，则假定 HRU 内的雪深相同，即 $\text{SNO}_{\text{cov}} = 1.0$。仅当积雪含水量为 $0 \sim \text{SNO}_{100}$ 时，面积消退曲线才影响融雪。即若设定的 SNO_{100} 值很小，面积消退曲线对融雪的影响也极小；随着 SNO_{100} 值的增大，融雪过程中面积消退曲线的影响越来越大。

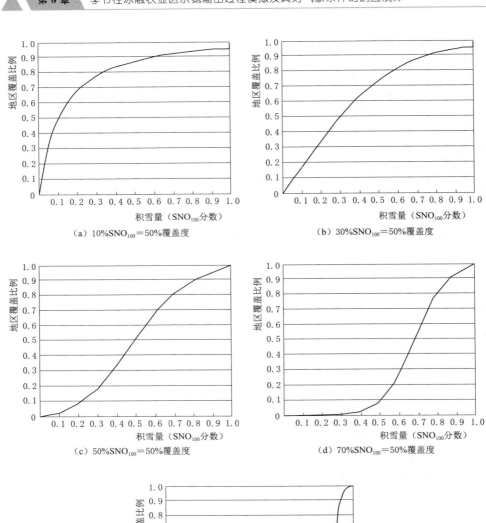

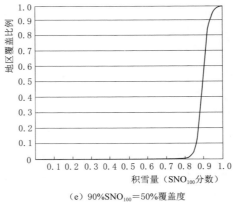

图 8.3　50％积雪覆盖度时不同 SNO_{100} 分数的面积消退曲线举例

2. 融雪模块

融雪量取决于气温、积雪温度、融雪速率和积雪面积。

计算径流量和入渗量时，融雪和降雨均包括在内。SWAT 计算侵蚀量时，融雪部分的降雨能量为 0，且假定融雪在当天 24h 内均匀消融。

（1）积雪温度。积雪温度是前期日均气温的函数，按照气温的阻尼函数变化。前一天积雪温度对当天积雪温度的影响由滞后因子 λ_{sno} 控制，该因子已涵盖积雪密度、积雪深度、暴露程度和其他影响积雪温度的因子。计算积雪温度的公式为

$$T_{snow(d_n)} = T_{snow(d_n-1)}(1-\lambda_{sno}) + \overline{T_{av}}\lambda_{sno} \tag{8.3}$$

式中：$T_{snow(d_n)}$ 为某天的积雪温度，℃；$T_{snow(d_n-1)}$ 为前一天的积雪温度，℃；λ_{sno} 为积雪温度滞后因子；$\overline{T_{av}}$ 为当天的平均气温，℃；随着 λ_{sno} 接近 1.0，当天的平均气温对积雪温度的影响越来越大，而前一天积雪温度的影响越来越小。

当积雪温度超过阈值温度 T_{mlt} 时，积雪开始融化，该阈值由用户设定。

（2）融雪方程。SWAT 通过一个线性方程来计算融雪量，即融雪量是积雪温度和最高温度的均值与融雪的阈值温度之差的线性函数：

$$SNO_{mlt} = b_{mlt} SNO_{cov} \left(\frac{T_{snow} + T_{mx}}{2} - T_{mlt} \right) \tag{8.4}$$

式中：SNO_{mlt} 为某天的融雪量，mm；b_{mlt} 为当天的融雪因子，mm/（d·℃）；SNO_{cov} 为积雪覆盖面积占 HRU 面积的分数；T_{snow} 为某天的积雪温度，℃；T_{mx} 为某天的最高气温，℃；T_{mlt} 为融雪的阈值温度，℃。

融雪因子存在季节性变化，夏至和冬至时分别达到最大值与最小值：

$$b_{mlt} = \frac{b_{mlt6} + b_{mlt12}}{2} + \frac{b_{mlt6} - b_{mlt12}}{2} \sin\left[\frac{2\pi}{365}(d_n - 81) \right] \tag{8.5}$$

式中：b_{mlt} 为某天的融雪因子，mm/（d·℃）；b_{mlt6} 为 6 月 21 日的融雪因子，mm/（d·℃）；b_{mlt12} 为 12 月 21 日的融雪因子，mm/（d·℃）；d_n 为日期在年内的顺序。

在农村地区，融雪因子在 1.4~6.9mm/（d·℃）的范围变化，而在城镇地区，由于车辆碾压和行人踩踏等，融雪因子变化范围为 3.0~8.0mm/（d·℃），而沥青路上融雪因子范围为 1.7~6.5mm/（d·℃）。

8.2.3.2 SWAT 模型的构建

由于本书仅模拟冻融期，即休耕期，不涉及农作物的种植、管理和收获，仅在每年 4 月 8 日左右春耕前发生一次施肥事件，施氮量为 60kg/ha。粪肥添加量为 0.277kg/（ha·d），其中 39.4% 来自肉牛，其次是羊（23.6%）、人

（18.4％）、猪（11.6％）和家禽（0.7％）。输入日降水量、温度（最小值和最大值）、太阳辐射、风速和相对湿度的气候数据集用于运行模型。将每年土壤水分、土壤养分和地下水深度的初始值设置与 2015 年秋季的监测数据一致，最后，在模型建立过程中使用了以下选项：使用 SCS 曲线数法计算地表日径流；使用 Hargreaves 方法计算潜在蒸散发量（Hargreaves et al.，1985）。

8.2.4　参数敏感性分析

由于 SWAT 模型参数较多，所以在进行调参前需要进行敏感性分析，确定影响输出结果的主要参数，提高调参效率。本书首先参考采用 SWAT 模拟寒区水文和非点源污染物的相关研究以及采用 SWAT 模拟该地区非点源氮素产出的相关研究进行主要参数的选取，然后采用手动调参的方式，以敏感度系数作为衡量指标来评价参数的敏感性，并按照敏感性程度进行排序，选取前 15 个参数列在表 8.1 和表 8.2 中。敏感度系数计算公式为

$$S_{AF} = \frac{\Delta A/A}{\Delta F/F} \tag{8.6}$$

式中：S_{AF} 为敏感度系数；$\Delta F/F$ 为不确定因素 F 的变化率；$\Delta A/A$ 为不确定因素 F 变化 ΔF 时，模型输出 A 的变化率。

表 8.1　　影响水文过程的主要参数的范围以及敏感度系数统计表

敏感性	参数项	所属文件	描述	范围	默认值	敏感系数	
						参数变化 +20％	参数变化 -20％
1	CN2	(.Mgt)	水分条件 Ⅱ 时的初始 SCS 径流曲线数	30~95	—	3.70	-1.43
2	CNFROZ	(.BSN)	冻土对下渗/径流的调节参数	—	0.000862	-0.51	0.76
3	SNOCOVMX	(.BSN)	100％积雪覆盖对应最少积雪含水量/mm	—	1	-0.33	0.52
4	SNO50COV	(.BSN)	50％积雪覆盖时积雪含水量占 SNOCONMX 所确定积雪含水量分数	0.01~0.99	0.5	-0.36	0.51
5	SMFMX	(.BSN)	6月21日融雪因子/最大融雪因子/[mm/(℃·d)]	农村：1.4~6.9；城镇：3.0~8.0；沥青路：1.7~6.5	4.5	0.47	-0.40

续表

敏感性	参数项	所属文件	描　述	范　围	默认值	敏感系数 参数变化 +20%	敏感系数 参数变化 −20%
6	TIMP	(.BSN)	积雪温度滞后因子/越接近1，受当天温度影响越大	0.01～1.0	1	0.44	−0.33
7	SMFMN	(.BSN)	12月21日融雪因子/最小融雪因子/[mm/(℃・d)]	农村：1.4～6.9；城镇：3.0～8.0；沥青路：1.7～6.5	4.5	0.30	−0.25
8	OV_N	(.Hru)	坡面漫流曼宁 n 值	0～1	0.14	0.16	0.16
9	SURLAG	(.Hru)	地表径流滞后天数/d	—	2	0.07	0.16
10	SMTMP	(.BSN)	融雪基温/℃	−5～5	0.5	−0.08	0.13
11	ESCO	(.Hru)	土壤蒸发补偿因子	0～1	0.95	—	−0.08
12	GW_DELAY	(.Gw)	地下水的时间延迟/d	—	31	−0.07	0.07
13	CH_K (1)	(.Sub)	支流冲积层有效渗透系数，控制地表径流传输损失量/(mm/hr)	—	—	0.03	0.02
14	ALPHA_BF	(.Gw)	基流 α 因子/d	0.1～1.0	0.048	0.02	−0.03
15	CH_N (1)	(.Sub)	支流曼宁系数	0～1	0.014	0.02	—

表 8.2　影响氮素产出过程的主要参数的范围以及敏感度系数统计表

敏感性	参数项	所属文件	描　述	范　围	默认值	敏感系数 参数变化 +20%	敏感系数 参数变化 −20%
1	CN2	(.Mgt)	水分条件Ⅱ时的初始SCS径流曲线数	—	—	5.86	−1.10
2	SDNCO	(.BSN)	发生反硝化作用的土壤含水量阈值	—	1.1	0.63	−4.58
3	CNFROZ	(.BSN)	冻土对下渗/径流的调节参数	—	0.000862	−0.61	1.02

续表

敏感性	参数项	所属文件	描 述	范 围	默认值	敏感系数	
						参数变化 +20%	参数变化 −20%
4	SOL_NO3	(.Chm)	土层中硝态氮初始浓度/(mg/kg)	—	—	0.93	0.93
5	NPERCO	(.BSN)	硝酸盐流失系数	0.01~1.0	0.2	0.77	−0.81
6	TIMP	(.BSN)	积雪温度滞后因子	0.01~1.0	1	0.69	−0.74
7	SMFMX	(.BSN)	6月21日融雪因子/最大融雪因子/[mm/(℃·d)]	农村:1.4~6.9;城镇:3.0~8.0;沥青路:1.7~6.5	4.5	0.44	−0.46
8	SMFMN	(.BSN)	12月21日融雪因子/最小融雪因子/[mm/(℃·d)]	农村:1.4~6.9;城镇:3.0~8.0;沥青路:1.7~6.5	4.5	0.33	−0.35
9	SNOCOVMX	(.BSN)	100%积雪覆盖对应最少积雪含水量/mm		1.0	−0.30	0.33
10	SNO50COV	(.BSN)	50%积雪覆盖时积雪含水量占SNOCONMX所确定积雪含水量分数	0.01~0.99	0.5	−0.25	0.25
11	SMTMP	(.BSN)	融雪基温/℃	−5~5	0.5	−0.18	0.14
12	ESCO	(.Hru)	土壤蒸发补偿因子	0~1	0.95		0.07
13	ANION_EXCL	(.Sol)	排出阴离子的空隙所占分数	0~1	0.5	0.06	0.00
14	CDN	(.BSN)	反硝化指数速率	1.4	1.4	−0.01	0.04
15	GW_DELAY	(.Gw)	地下水的时间延迟/d	—	31	−0.03	−0.02

$S_{AF}>0$,表示模型输出 A 与不确定性因素 F 正相关;$S_{AF}<0$,表示模型输出 A 与不确定性因素 F 负相关。$|S_{AF}|$ 越大,不确定性因素 F 对模型输出 A 的影响程度越大。

8.2.5 模型的率定与验证

本章采用纳什系数(NS$_E$)、确定性系数(R^2)和相对误差(Re)进行模型率定工作的评价。一般认为当 $Re<\pm20\%$ 时,模拟效果良好;当 NS$_E>0.75$ 时模拟效果良好,当 $0.36<$NS$_E<0.75$ 时,模拟效果可以接受;$R^2=1$ 时,表示

模拟值与实测值非常吻合，当 $R^2<1$ 时，其值越大，两者的相似度就越高。已有研究表明，SWAT 模型对长期径流量模拟准确，短期则较差，特别是日尺度的模拟效果不理想，日径流的模拟存在系统误差，而本书所做的正是应用 SWAT 做日尺度的模拟，因此本书在率定的过程中认为径流模拟 $R^2>0.5$，$NS_E>0.5$，硝态氮模拟 $R^2>0.4$，$NS_E>0.36$ 时就可以进行下一步的率定，如图 8.4 所示。

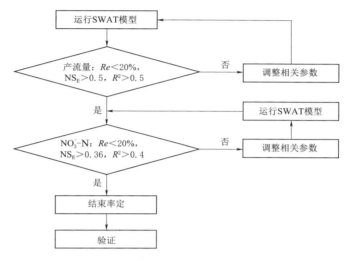

图 8.4　径流、氮素参数率定和验证步骤

8.3　SWAT 模型的率定与验证结果分析

表 8.3 为每日融雪径流和 $NO_3^- - N$ 输出模拟中使用的最佳参数值。率定期（2014—2015 年）和验证期（2015—2016 年）日尺度融雪径流和 $NO_3^- - N$ 产出模拟率定和验证结果如图 8.5 所示。日径流量和 $NO_3^- - N$ 产出量的模拟效果评价指标见表 8.4。模拟的日径流量在 2014—2015 年和 2015—2016 年的融雪期大多与观测值显示出一致的变化。然而，在融雪产流初期的一些时间，当温度降至 0℃ 以下时，融雪径流总是被高估。同时，在紧接着的升温期，融雪径流被低估。日融雪径流率定期的 NS_E、R^2 和 Re 值分别为 0.75、0.78 和 -12.76%，验证期的 NS_E、R^2 和 Re 值分别为 0.54、0.51 和 15.65%。SWAT 在模拟日 $NO_3^- - N$ 产出中的表现不如模拟日径流。日 $NO_3^- - N$ 产出率定期的 NS_E、R^2 和 Re 值分别为 -0.19、0.44 和 2.7%，验证期的 NS_E、R^2 和 Re 值分别为 0.35、0.28 和 -13.79%。

表 8.3 每日融雪径流和 $NO_3^- - N$ 输出模拟中使用的最佳参数值

参数名称	描　　述	最佳参数值
CNFROZ	冻土对下渗/径流的调节参数	0.000862
SMFMN	12 月 21 日融雪因子/最小融雪因子/[mm/(℃·d)]	4
SMFMX	6 月 21 日融雪因子/最大融雪因子/[mm/(℃·d)]	7
SMTMP	融雪基温/℃	0.5
SNO50COV	50% 积雪覆盖时积雪含水量占 SNOCONMX 所确定积雪含水量分数	0.12
SNOCOVMX	100% 积雪覆盖对应最少积雪含水量/mm	190
TIMP	积雪温度滞后因子/越接近 1，受当天温度影响越大	0.23
ALPHA_BF	基流 α 因子/d	0.2
GW_DELAY	地下水的时间延迟/d	15
ESCO	土壤蒸发补偿因子	1
OV_N	坡面漫流曼宁 n 值	0.14
SURLAG	地表径流滞后天数/d	0.1
CN2	水分条件 Ⅱ 时的初始 SCS 径流曲线数	玉米地 56/林地 40
CH_K (1)	支流冲积层有效渗透系数，控制地表径流传输损失量/(mm/hr)	2
CH_N (1)	支流曼宁系数	0.04
SDNCO	发生反硝化作用的土壤含水量阈值	0.92
SOL_NO3	土层中硝态氮初始浓度/(mg/kg)	15/10/5/3
NPERCO	硝酸盐流失系数	0.7
ANION_EXCL	排出阴离子的空隙所占分数	0.2
CDN	反硝化指数速率	2.9

表 8.4 SWAT 模型模拟评价指标统计

模型评价指标	率定期 (2014—2015 年)		验证期 (2015—2016 年)	
	产流	$NO_3^- - N$	产流	$NO_3^- - N$
NS_E	0.75	−0.19 (0.66)[a]	0.54	0.35 (0.48)[a]
R^2	0.78	0.44 (0.46)[a]	0.51	0.28 (0.41)[a]
Re	−12.76%	2.7%	15.65%	−13.79%

注　a 为模拟的 $NO_3^- - N$ 产出时间推迟一天对应的 NS_E 和 R^2。

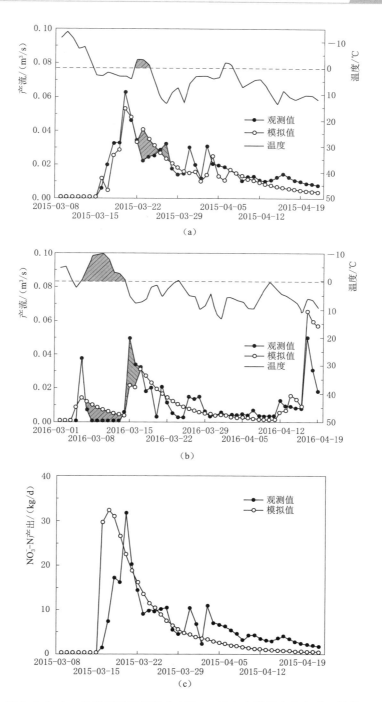

图 8.5 （一） 日尺度融雪径流和 $NO_3^- - N$ 产出模拟率定和验证结果

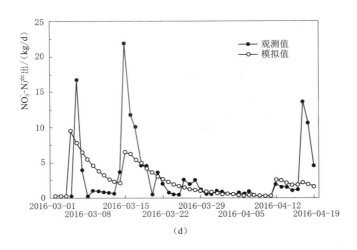

图 8.5（二）　日尺度融雪径流和 $NO_3^- - N$ 产出模拟率定和验证结果

8.4　过去 64 年融化期气象因子及水、氮的变化情况

1951—2014 年模型模拟的径流量、径流系数、$NO_3^- - N$ 产出量，以及不同冻融阶段起始时间、天数，对应的累积降水量、平均气温的变化和 MK 检验值如图 8.6 所示。该流域融雪产流期平均径流量和 $NO_3^- - N$ 产出量分别为27758.5 m^3、0.055kg 和 281.0kg ［图 8.6（a）］。1985—2014 年径流的 UF 值主要为 0～1.96，说明 1985 年以来径流呈增加趋势，但不明显 ［图 8.6（f）］。径流系数的变化趋势与径流量相似。$NO_3^- - N$ 产出量的 UF 值大部分在 0 以下，甚至低于－1.96，说明在此期间 $NO_3^- - N$ 产出量呈下降趋势。同样，三个时期的平均温度均呈上升趋势，不稳定冻结期和稳定期冻结期的上升趋势在 1990年前后达到显著水平（α＝0.05）［图 8.6（g）］。受气温上升趋势影响，稳定冻结融雪期和融雪产流期起始天数（SD－SMP）提前，且 SD－SMP 自 1996 年以来的提前的程度达到显著水平（α＝0.05）［图 8.6（c）、（g）］。因此，自 2000年以来，融雪产流期天数（Number of day of snowmelt period，ND－SMP）显著增加，不稳定和稳定冻结期天数（Number of day of unstable/stable freezing period，ND－USFP 和 ND－SFP）呈减少趋势 ［图 8.6（d）、（h）］。不稳定冻结期、稳定冻结期和融雪产流期累积降水分别自 2009 年、2009 年和 1980 年开始呈增加趋势。

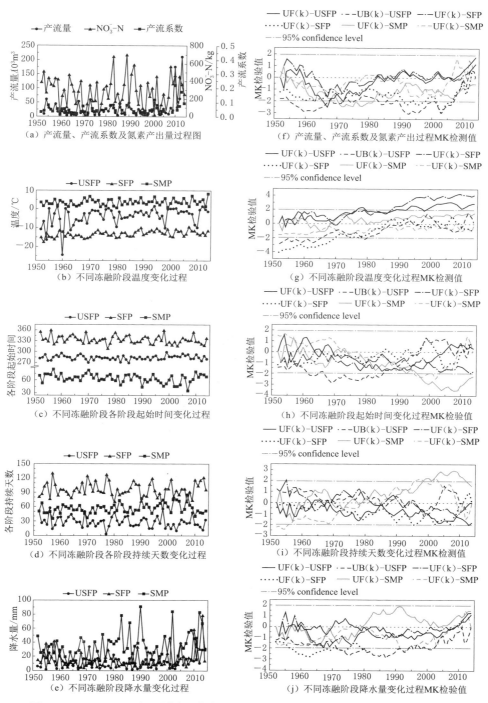

图 8.6　1951—2014 年不同冻融期气候因子及融雪期水氮产出过程及 MK 检验值

8.5　气候因子与水、氮产出过程之间的关系

各气候因子之间的关系如图 8.7 所示。SD-SMP 与 ND-SFP 和融雪期平均温度（Average temperature of snowmelt period，T-SMP）呈显著正相关（$P<0.001$），与稳定冻结期平均温度（Average temperature of stable freezing period，T-SFP）呈显著负相关（$P<0.001$）。ND-SFP 与稳定冻结期降水（Precipitation of stable freezing period，P-SFP）和 T-SMP 呈显著正相关（$P<0.001$），与稳定冻结期负累积温度呈显著负相关（$P<0.001$）。这些关系如图 8.8 所示。

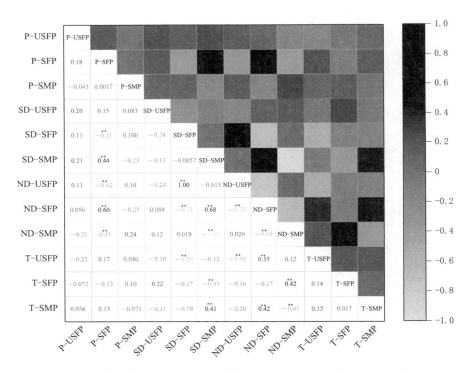

图 8.7　非稳定冻结期（USFP），稳定冻结期（SFP）和融雪期（SMP）降水（P）、起始时间（SD）、持续天数（ND）和平均温度（T）之间的关系

由于各气候因子之间具有较强的共线性，笔者计算了气候因子与径流、径流系数和 NO_3^--N 产出量之间的主成分回归系数，以评估气候因子对它们的影响程度（图 8.9）。根据计算结果，气候因子与三个指标之间的回归关系均达到了显著水平（径流和径流系数 $P<0.001$，NO_3^--N 产出量 $P<0.05$）；因此，各气

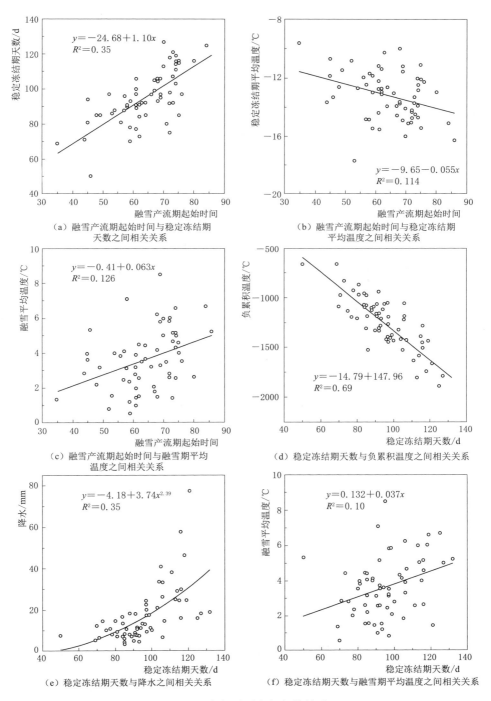

图 8.8　气候因子之间相关关系

候因子回归系数的大小可以用来表征他们对径流量、径流系数和 $NO_3^- - N$ 产出量的影响。P – SFP、稳定冻结期降水所占比例（Precipitation ratio of the stable freezing period，RR – SFP）、SD – SMP 和 ND – SFP 对径流和径流系数有较大的正向影响，而 ND – USFP 和 SD – SFP 对径流和径流系数有较大的负向影响（图 8.9）。融雪期降水和降水比（Precipitation and precipitation ratio of snowmelt period，P – SMP 和 PR – SMP）对 $NO_3^- - N$ 产出量有较大的正向影响，不稳定冻结期降水和降水比（Precipitation and precipitation ratio of unstable freezing period，P – USFP 和 PR – USFP）对 $NO_3^- - N$ 产出量有较大的负向影响。ND – SFP 和 PR – SMP 分别是影响径流/径流系数和 $NO_3^- - N$ 产出量的最重要因素。

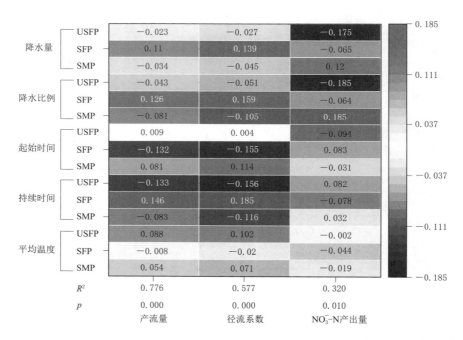

图 8.9　各气候因子与径流、径流系数和硝态氮产出量之间的主成分回归系数

不同冻融期径流量、径流系数、氮素产出量与降水之间的关系如图 8.10 所示。融雪期径流量和径流系数分别随冻融期和稳定冻结期降水的增加呈指数和线性增长［图 8.10 （a）、（b）、（d） 和 （e）］。$NO_3^- - N$ 产出量随冻融期和融雪期降水的增加呈线性增加［图 8.10 （c） 和 （f）］。P – SFP 和 P – SMP 与径流、径流系数和 $NO_3^- - N$ 产出量的拟合系数均高于与冻融期降水的拟合系数。

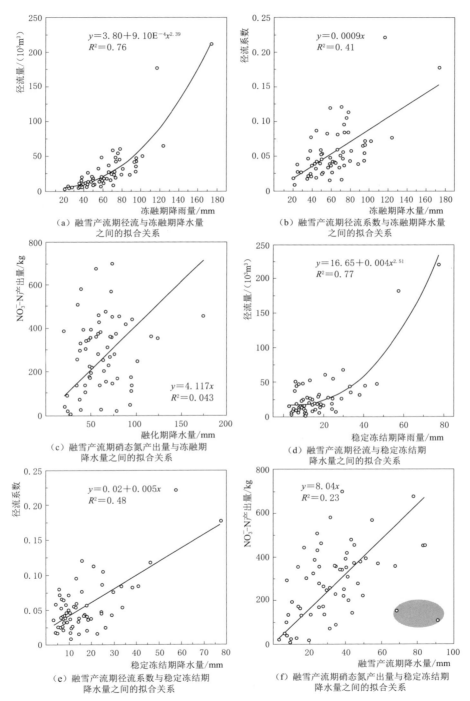

图 8.10　径流、径流系数和氮素产出量与气候因子之间的拟合关系（阴影覆盖的点为特异质）

8.6 SWAT 模型模拟日尺度水和 $NO_3^- - N$ 产出过程的适用性

SWAT 模型在模拟日融雪径流方面表现良好，率定期 NS_E 和 R^2 值分别为 0.75 和 0.78，验证期时分别为 0.54 和 0.51（图 8.5 和表 8.4）。模拟值与实测值的差异主要表现在融雪初期气温降至 0℃ 时高估了融雪径流，而在接下来的升温时间低估了融雪径流。这是因为融雪初期径流主要来自地表产流或冻土层上的壤中流（Zhao et al.，2017；Zhao et al.，2021）。当融雪过程中发生温度下降事件（＜0℃）时，这些地表水和近地表土壤水将重新冻结为冰。随后，冰的形成会阻塞产流路径，从而减少甚至抑制融雪径流的产生（Bengtsson，1982；Zhao et al.，2022）。SWAT 模型中没有考虑融雪水的再冻结过程，因此，上述过程在模拟中没有被捕获。然而，这些过程只是随着时间的推移改变了径流的分布，但对径流总量影响不大。日融雪径流率定和验证期的 Re 值分别为 -12.76% 和 15.65%，这表明 SWAT 模型在模拟融雪水量方面表现出良好的性能。

日 $NO_3^- - N$ 产出过程模拟率定期和验证期的 NS_E 和 R^2 值分别为 $-0.19/0.44$ 和 $0.35/0.28$，均低于日融雪径流模拟（表 8.4）。$NO_3^- - N$ 产出过程模拟较低的 NS_E 和 R^2 值主要归因于两个方面。如上所述，SWAT 模型没有考虑融雪水的再冻结过程，这导致融雪初期温降和温升的时段，$NO_3^- - N$ 产出量被高估和低估（Bengtsson，1982；Nie et al.，2017）。由于 SWAT 模型没有涉及河道积雪对融雪径流的滞后效应，因此水和 $NO_3^- - N$ 产出开始较早而且比模拟值更高（图 8.5）（Ouyang et al.，2013；Nie et al.，2017）。如果将融雪初期日 $NO_3^- - N$ 产出模拟值推迟一天，然后与观测值比较，率定期和验证期的 NS_E 和 R^2 分别可以达到 $0.46/0.66$ 和 $0.41/0.48$（表 8.4）。由于本章仅考虑 $NO_3^- - N$ 产出总量，而日 $NO_3^- - N$ 产出量率定和验证期 Re 值分别为 2.7% 和 -13.79%，模拟效果良好。因此，认为 SWAT 模型适用于模拟融雪期的日尺度 $NO_3^- - N$ 的产出过程。

8.7 极端融雪产流事件发生的气象因子组合模式

融雪产流期径流和径流系数与 ND - SFP、PR - SFP、P - SFP、SD - SMP 显著正相关，与 ND - USFP、ND - SMP、SD - SFP 负相关（图 8.9 和图 8.10）。这可能是因为较早的 SD - SFP 和较晚的 SD - SMP 总是伴随着更冷和更长的稳定冻结期［图 8.7 和图 8.8（b）］，以及稳定冻结期更低的负累积温度

［图 8.8（d）］和更高的累积降水［图 8.8（e）］。在土壤冻结过程中，较低的负累积温度会导致更多的土壤水分向上迁移（Butler et al.，1996；Wu et al.，2019），加之较高的累积降水量，会显著增加融雪期间可用于产生径流的地表水量。低温还会导致土壤冻结，阻止融雪水的入渗，并延长地表径流和壤中流持续的时间（Zhao et al.，2017）。此外，稳定冻结期天数与融雪期的平均温度呈显著正相关［图 8.8（f）］，从而表明较长的稳定冻结期总是伴随着融雪期较高的温度。因此，积雪会在更短的时间内融化，并导致更显著的融雪径流（Zhao et al.，2021）。这些综合作用增加了径流系数，最终增加了融雪径流量。因此，稳定冻结期径流系数与降水的关系甚至优于与冻融期降水之间的关系（图 8.10）。

为验证上述分析，图 8.11 展示出了径流系数最高的年份冻融期气候因子和融雪期日融雪径流的变化过程，其中图 8.11（a）～（d）为径流最高的 4 年。这 8 年的平均 ND - SFP 和 SD - SMP 分别为 112.62 天和 73.25 天，分别比 1951—2014 年的平均值长 17.20 天和晚 8.95 天。此外，这 8 年的平均 PR - SFP 为

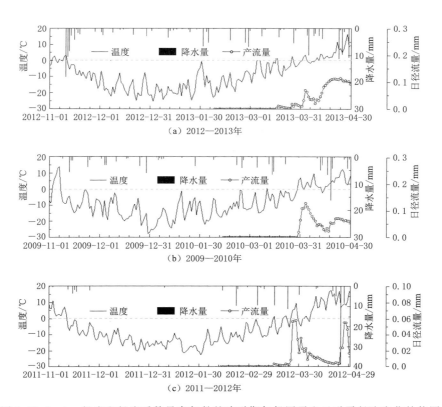

图 8.11（一）　径流和径流系数最高年份的冻融期气候因子和日融雪径流变化趋势图

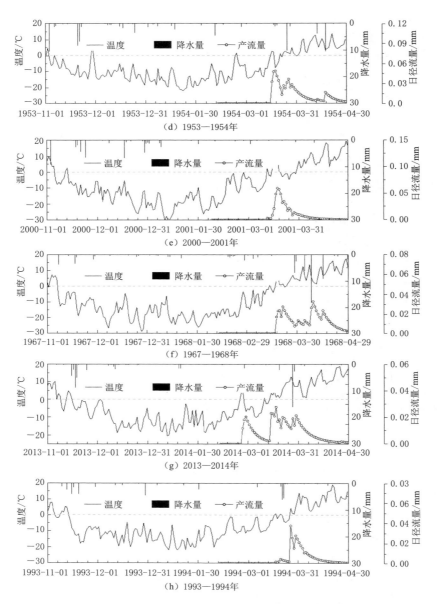

图 8.11（二）　径流和径流系数最高年份的冻融期气候因子和日融雪径流变化趋势图

41.34%，是 1951—2014 年平均值的 1.48 倍。在此基础上，如果在融雪期间发生降雨和积雪叠加的事件，径流和径流系数将更高［图 8.11（a）～（d）］。因此，通过对长系列和典型年份径流和气候因子数据的分析可知，稳定冻结期较长、融雪期开始日较晚、融雪期降雨量较大的年份更容易产生更高的融雪径流。

8.8 极端 NO$_3^-$ - N 产出事件发生的气象因子组合模式

融雪产流期 NO$_3^-$ - N 日产出量和融雪产流量（图 8.12）以及整个冻融期降水量 [图 8.10 (a)] 的关系较差。同时，它受到 P - SMP 和 PR - SMP 的显著正向影响 [图 8.9 和图 8.10 (f)]，这表明 NO$_3^-$ - N 可能主要在融雪期降雨产生的径流中产出。

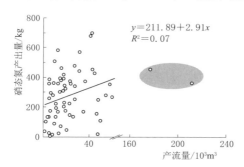

图 8.12 融雪产流和硝态氮产出量之间关系图

冻融期 NO$_3^-$ - N 日产出量最高年份及其相应的气象因子变化如图 8.13 所示。这些年的 T - SMP、P - SMP 和 PR - SMP 平均值分别为 5.32℃、50.63mm 和 64.70%，分别是 1951—2014 年平均值的 1.46 倍、1.51 倍和

12.3 倍。此外，这些年融雪期的降水大部分发生在 4 月 20 日之后，降雨与融雪之间的时间较长，这段时间气温较高。这是因为在冻结期和融雪初期气温较低，土壤透气性受到冻土和融雪水的限制（Larsbo et al.，2019），会抑制硝化细菌的活性，增强土壤反硝化细菌的活性，进而抑制 NO$_3^-$ - N 的生成（Zhao et al.，2019；Jiang et al.，2020）。有限的 NO$_3^-$ - N 在融雪初期大部分被融雪产流冲入河流，而在融雪事件发生后的一段时间内，流域可能已经缺乏 NO$_3^-$ - N（Zhao

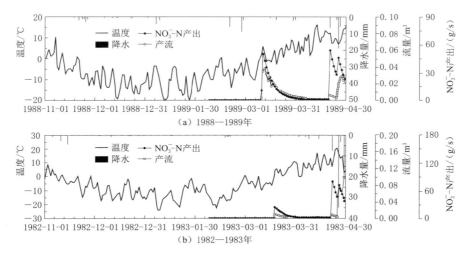

图 8.13（一） 融雪产流期硝态氮产出量最高的年份及相应的气候因子变化

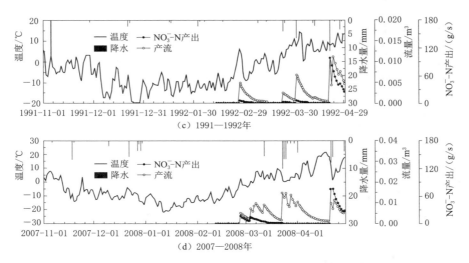

（c）1991—1992年

图 8.13（二）　融雪产流期硝态氮产出量最高的年份及相应的气候因子变化

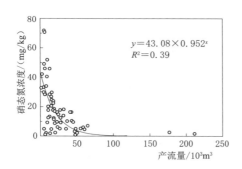

图 8.14　融雪径流和硝态氮浓度之间关系图

et al.，2017），因此随着径流的增加，硝酸盐氮浓度呈指数下降（图 8.14）。较晚的降雨事件以及融雪和降雨事件之间的较高温度会形成温度更高、透气性更高的土壤环境，有利于 $NO_3^- - N$ 的生成（Zhao et al.，2019；Xu，2022）。此外，4 月 5—20 日春耕活动期间的施肥进一步增加了流域内的 $NO_3^- - N$ 含量。融雪后期高强度的降雨事件为 $NO_3^- - N$ 的产出供了动力。因此，降雨事件出现得较晚（4 月 20 日之后），且越大越集中，降雨事件与融雪事件之间的温度越高，越有利于 $NO_3^- - N$ 的产出。

8.9　结论

本书评估了 SWAT 模型在模拟融雪产流期间日尺度水和 $NO_3^- - N$ 产出过程的适用性，确定了各自的主要影响气象因子，并明确了极端水和 $NO_3^- - N$ 产出事件对应的气象因子组合模式。具体来说 SWAT 模型在模拟日尺度融雪产流和 $NO_3^- - N$ 产出时 Re 值表现良好，但在模拟 $NO_3^- - N$ 产出时 NS_E 和 R^2 值较差。ND - SFP 和 P - SFP 控制日融雪径流，而日 $NO_3^- - N$ 产出主要受 P - SMP 影

响。极端融雪径流和 $NO_3^- - N$ 产出事件对应的气象因子的组合模式不同。ND -
SFP 和 SD - SMP 较长的年份总是伴随着较高的 P - SFP 和较低的负累积温度，
这增加了可用于产流的地表水量和径流系数，进而增加了融雪径流。融雪产流
期较晚的降雨和较高的温度有利于融雪期 $NO_3^- - N$ 的形成。融雪后期高强度的
降雨事件为这些 $NO_3^- - N$ 的产出提供了动力。这项研究为气候变化对融雪径流
和伴随的 $NO_3^- - N$ 产出的影响提供了新的见解。

本 章 参 考 文 献

APPELS W M，COLES A E，MCDONNELL J J. Infiltration into frozen soil: From core -
scale dynamics to hillslope - scale connectivity [J]. Hydrological Processes，2018，32（1）:
66 - 79.

ARNOLD J G，MORIASI D N，GASSMAN P W，et al. SWAT: Model use, calibration, and
validation [J]. Transactions of the ASABE，2012，55（4）: 1491 - 1508.

AYGÜN O，KINNARD C，CAMPEAU S. Impacts of climate change on the hydrology of
northern midlatitude cold regions [J]. Progress in Physical Geography: Earth and Environ-
ment，2020，44（3）: 338 - 375.

BENGTSSON L. The importance of refreezing on the diurnal snowmelt cycle with application to
a northern Swedish catchment [J]. Hydrology Research，1982，13（1）: 1 - 12.

BHATTA B，SHRESTHA S，SHRESTHA P K，et al. Evaluation and application of a SWAT
model to assess the climate change impact on the hydrology of the Himalayan River Basin
[J]. Catena，2019，181: 104082.

BING H，HE P，ZHANG Y. Cyclic freeze - thaw as a mechanism for water and salt migration
in soil [J]. Environmental Earth Sciences，2015，74（1）: 675 - 681.

BUTLER A P，BURNE S，WHEATER H S. Observations of 'freezing - induced redistribu-
tion' in soil lysimeters [J]. Hydrological processes，1996，10（3）: 471 - 474.

CAO J，LIU C，ZHANG W. Response of rock - fissure seepage to snowmelt in Mount Taihang
slope - catchment，North China [J]. Water science and technology，2013，67（1）:
124 - 130.

CHEN C，YU Z B，XIANG L，et al. Effects of rainfall intensity and amount on the transport
of total nitrogen and phosphorus in a small agricultural watershed [C] // Applied Mechanics
and Materials. Trans Tech Publications Ltd，2012，212: 268 - 271.

CLEMENT J C，ROBSON T M，GUILLEMIN R，et al. The effects of snow - N deposition
and snowmelt dynamics on soil - N cycling in marginal terraced grasslands in the French Alps
[J]. Biogeochemistry，2012，108（1）: 297 - 315.

CORRIVEAU J，CHAMBERS P A，YATES A G，et al. Snowmelt and its role in the hydro-
logic and nutrient budgets of prairie streams [J]. Water Science and Technology，2011，
64（8）: 1590 - 1596.

DIBIKE Y，MUHAMMAD A，SHRESTHA R R，et al. Application of dynamic contributing
area for modelling the hydrologic response of the Assiniboine River basin to a changing climate

[J]. Journal of Great Lakes Research, 2021, 47 (3): 663 – 676.

DOU T, XIAO C, LIU J, et al. Trends and spatial variation in rain – on – snow events over the Arctic Ocean during the early melt season [J]. The Cryosphere, 2021, 15 (2): 883 – 895.

GRUSSON Y, SUN X, GASCOIN S, et al. Assessing the capability of the SWAT model to simulate snow, snow melt and streamflow dynamics over an alpine watershed [J]. Journal of Hydrology, 2015, 531: 574 – 588.

HARGREAVES G. RILEY J P. Agricultural benefits for Senegal River Basin [J]. Journal of Irrigation and Drainage Engineering, 1985, 111 (2): 113 – 124.

HE S, GONG Y, ZHENG Z, et al. Effects of rainfall intensities and slope gradients on nitrogen loss at the seedling stage of maize (Zea mays L.) in the purple soil regions of China [J]. International Journal of Agricultural and Biological Engineering, 2022, 15 (2): 142 – 148.

HEGGLI A, HATCHETT B, SCHWARTZ A, et al. Toward snowpack runoff decision support [J]. Iscience, 2022, 25 (5): 104240.

ROGELJ J, SHINDELL D, JIANG K, et al. Global Warming of 1.5℃. An IPCC Special Report on the impacts of global warming of 1.5℃ above pre – industrial levels and related global greenhouse gas emission pathways, in the context of strengthening the global response to the threat of climate change, sustainable development, and efforts to eradicate poverty [J]. Sustainable Development, and Efforts to Eradicate Poverty, V. Masson – Delmotte et al., Eds. (Cambridge University Press, Cambridge, UK, 2018), 2018.

IRANNEZHAD M, RONKANEN A K, KIANI S, et al. Long – term variability and trends in annual snowfall/total precipitation ratio in Finland and the role of atmospheric circulation patterns [J]. Cold Regions Science and Technology, 2017, 143: 23 – 31.

IRESON A M, DER K G, FERGUSON G, et al. Hydrogeological processes in seasonally frozen northern latitudes: understanding, gaps and challenges [J]. Hydrogeology Journal, 2013, 21 (1): 53 – 66.

JIANG N, JUAN Y, TIAN L, et al. Soil water contents control the responses of dissolved nitrogen pools and bacterial communities to freeze – thaw in temperate soils [J]. BioMed research international, 2020.

KOCH J C, EWING S A, STRIEGL R, et al. Rapid runoff via shallow throughflow and deeper preferential flow in a boreal catchment underlain by frozen silt (Alaska, USA) [J]. Hydrogeology Journal, 2013, 21 (1): 93 – 106.

KOCH J C, KIKUCHI C P, WICKLAND K P, et al. Runoff sources and flow paths in a partially burned, upland boreal catchment underlain by permafrost [J]. Water Resources Research, 2014, 50 (10): 8141 – 8158.

LARSBO M, HOLTEN R, STENRØD M, et al. A dual – permeability approach for modeling soil water flow and heat transport during freezing and thawing [J]. Vadose Zone Journal, 2019, 18 (1): 1 – 11.

LEVESQUE E, ANCTIL F, GRIENSVEN A N N, et al. Evaluation of streamflow simulation by SWAT model for two small watersheds under snowmelt and rainfall [J]. Hydrological sciences journal, 2008, 53 (5): 961 – 976.

LI B, CHEN Y, XIONG H. Quantitatively evaluating the effects of climate factors on runoff change for Aksu River in northwestern China [J]. Theoretical and Applied Climatology, 2016, 123 (1): 97 – 105.

LI H, LIU G, HAN C, et al. Quantifying the Trends and Variations in the Frost – Free Period and the Number of Frost Days across China under Climate Change Using ERA5 – Land Reanalysis Dataset [J]. Remote Sensing, 2022, 14 (10): 2400.

LIGARE S T, VIERS J H, NULL S E, et al. Non – uniform changes to whitewater recreation in California's Sierra Nevada from regional climate warming [J]. River Research and Applications, 2012, 28 (8): 1299 – 1311.

LONE S A, JEELANI G, DESHPANDE R D, et al. Meltwaters dominate groundwater recharge in cold arid desert of Upper Indus River Basin (UIRB), western Himalayas [J]. Science of The Total Environment, 2021, 786: 147514.

MUKUNDAN R, HOANG L, GELDA R K, et al. Climate change impact on nutrient loading in a water supply watershed [J]. Journal of Hydrology, 2020, 586: 124868.

NASH J E, SUTCLIFFE J V. River flow forecasting through conceptual models part I—A discussion of principles [J]. Journal of hydrology, 1970, 10 (3): 282 – 290.

NIE W, KRAUTBLATTER M, LEITH K, et al. A modified tank model including snowmelt and infiltration time lags for deep – seated landslides in alpine environments (Aggenalm, Germany) [J]. Natural Hazards and Earth System Sciences, 2017, 17 (9): 1595 – 1610.

OUYANG W, HUANG H, HAO F, et al. Synergistic impacts of land – use change and soil property variation on non – point source nitrogen pollution in a freeze – thaw area [J]. Journal of Hydrology, 2013, 495: 126 – 134.

PITTMAN F, MOHAMMED A, CEY E. Effects of antecedent moisture and macroporosity on infiltration and water flow in frozen soil [J]. Hydrological Processes, 2020, 34 (3): 795 – 809.

PLOUM S W, LYON S W, TEULING A J, et al. Soil frost effects on streamflow recessions in a subarctic catchment [J]. Hydrological Processes, 2019, 33 (9): 1304 – 1316.

QIN Y, ABATZOGLOU J T, SIEBERT S, et al. Agricultural risks from changing snowmelt [J]. Nat Clim Change, 2020, 10 (5): 459 – 465.

RÄISÄNEN J, EKLUND J. 21st century changes in snow climate in Northern Europe: a high – resolution view from ENSEMBLES regional climate models [J]. Climate Dynamics, 2012, 38 (11): 2575 – 2591.

RASOULI K, POMEROY J W, MARKS D G. Snowpack sensitivity to perturbed climate in a cool midlatitude mountain catchment [J]. Hydrological Processes, 2015, 29 (18): 3925 – 3940.

RATTAN K J, CORRIVEAU J C, BRUA R B, et al. Quantifying seasonal variation in total phosphorus and nitrogen from prairie streams in the red river basin, Manitoba Canada [J]. Sci Total Environ, 2017, 575, 649 – 659.

RHEINHEIMER D E, VIERS J H, SIEBER J, et al. Simulating high – elevation hydropower with regional climate warming in the west slope, Sierra Nevada [J]. Journal of Water Resources Planning and Management, 2014, 140 (5): 714 – 723.

SHI Y, NIU F, LIN Z, et al. Freezing/thawing index variations over the circum – Arctic from

1901 to 2015 and the permafrost extent [J]. Science of the Total Environment, 2019, 660: 1294 - 1305.

SHRESTHA N K, WANG J. Water Quality Management of a Cold Climate Region Watershed in Changing Climate [J]. Journal of Environmental Informatics, 2020, 35 (1), 56 - 80.

SHRESTHA R R, DIBIKE Y B, PROWSE T D. Modeling Climate Change Impacts on Hydrology and Nutrient Loading in the Upper Assiniboine Catchment 1 [J]. JAWRA Journal of the American Water Resources Association, 2012, 48 (1): 74 - 89.

STERLE K, HATCHETT B J, SINGLETARY L, et al. Hydroclimate variability in snow - fed river systems: Local water managers perspectives on adapting to the new normal [J]. Bulletin of the American Meteorological Society, 2019, 100 (6): 1031 - 1048.

UZUN S, TANIR T, COELHO G A, et al. Changes in snowmelt runoff timing in the contiguous United States [J]. Hydrological Processes, 2021, 35 (11): e14430.

LIEW M W, ARNOLD J G, GARBRECHT J D. Hydrologic simulation on agricultural watersheds: Choosing between two models [J]. Transactions of the ASAE, 2003, 46 (6): 1539 - 1551.

WANG Y, BIAN J, ZHAO Y, et al. Assessment of future climate change impacts on nonpoint source pollution in snowmelt period for a cold area using SWAT [J]. Scientific reports, 2018, 8 (1): 1 - 13.

WRIGHT N, QUINTON W L, HAYASHI M. Hillslope runoff from an ice - cored peat plateau in a discontinuous permafrost basin, Northwest Territories, Canada [J]. Hydrological Processes: An International Journal, 2008, 22 (15): 2816 - 2828.

WU M, HUANG J, TAN X, et al. Water salt and heat influences on carbon and nitrogen dynamics in seasonally frozen soils in Hetao Irrigation District, Inner Mongolia, China [J]. Pedosphere, 2019, 29 (5): 632 - 641.

XU X K. Effect of freeze - thaw disturbance on soil C and N dynamics and GHG fluxes of East Asia forests: review and future perspectives [J]. Soil Science and Plant Nutrition, 2022, 68 (1): 15 - 26.

YANG Y, CHEN R, LIU G, et al. Trends and variability in snowmelt in China under climate change [J]. Hydrology and Earth System Sciences, 2022, 26 (2): 305 - 329.

ZAREMEHRJARDY M, VICTOR J, PARK S, et al. Assessment of snowmelt and groundwater - surface water dynamics in mountains, foothills, and plains regions in northern latitudes [J]. Journal of Hydrology, 2022, 606: 127449.

ZHANG Z, WANG W, GONG C, et al. Evaporation from seasonally frozen bare and vegetated ground at various groundwater table depths in the Ordos Basin, Northwest China [J]. Hydrological Processes, 2019, 33 (9): 1338 - 1348.

ZHAO Q, CHANG D, WANG K, et al. Patterns of nitrogen export from a seasonal freezing agricultural watershed during the thawing period [J]. Science of The Total Environment, 2017, 599: 442 - 450.

ZHAO Q, GUO C, ZENG Q, et al. Nitrogen migration paths and source areas at different snowmelt periods in a seasonal freezing agricultural watershed [J]. Journal of Hydrology: Regional Studies, 2022, 41: 101083.

ZHAO Q，TAN X，ZENG Q，et al. Combined effects of temperature and precipitation on the spring runoff generation process in a seasonal freezing agricultural watershed [J]. Environmental Earth Sciences，2021，80 (15)：1 - 12.

ZHAO Q，WU C，WANG K，et al. Insitu experiment on change law of soil mineral nitrogen availability in seasonal freezing agricultural areas [J]. Transactions of the Chinese Society of Agricultural Engineering，2019，35 (17)：140 - 146.